污水深海排放工程海洋生态承载力研究

——以曹妃甸工业区入海排污口工程为例

李广楼　张继周　乔建哲　寿幼平　著

人民交通出版社

北　京

内 容 提 要

　　本书以曹妃甸工业区入海排污口工程为例,凭借交通运输部天津水运工程科学研究所多年在污水深海排放、海洋工程生态环境影响方面的研究经验,结合曹妃甸工业区海域的环境质量、生态和渔业资源现状,阐明项目海域主要环境制约因素;经数值模预测排污口特征因子对海洋生态环境的影响,确定生态承载力控制因子;利用相似性统计,分析工程海域生态(渔业)环境的可替代性;基于工程实施对海洋生态承载力的影响分析结果,评估该工程实施方案的海洋生态承载力可行性。本书是后续入海排污口工程建设海洋生态承载力评估的重要参考。

　　本书适合于从事入海排污口选划、海洋环境影响评价及海洋生态污染成因解析的科研人员参考。

图书在版编目(CIP)数据

污水深海排放工程海洋生态承载力研究 : 以曹妃甸
工业区入海排污口工程为例 / 李广楼等著. —北京:
人民交通出版社股份有限公司, 2024.3
　　ISBN 978-7-114-19447-4

　　Ⅰ.①污… Ⅱ.①李… Ⅲ.①深海—污水处置—影响
—海洋环境—承载力—研究—唐山 Ⅳ.①X703 ②X145

中国国家版本馆 CIP 数据核字(2024)第 058127 号

WUSHUI SHENHAI PAIFANG GONGCHENG HAIYANG SHENGTAI CHENGZAILI YANJIU
——YI CAOFEIDIAN GONGYEQU RUHAI PAIWUKOU GONGCHENG WEILI

书　　名:**污水深海排放工程海洋生态承载力研究**
　　　　　　——以曹妃甸工业区入海排污口工程为例
著 作 者:李广楼　张继周　乔建哲　寿幼平
责任编辑:崔　建
责任校对:孙国靖　卢　弦
责任印制:刘高彤
出版发行:人民交通出版社
地　　址:(100011)北京市朝阳区安定门外外馆斜街 3 号
网　　址:http://www.ccpcl.com.cn
销售电话:(010)59757973
总 经 销:人民交通出版社发行部
经　　销:各地新华书店
印　　刷:北京印匠彩色印刷有限公司
开　　本:720×960　1/16
印　　张:9.75
字　　数:176 千
版　　次:2024 年 3 月　第 1 版
印　　次:2024 年 3 月　第 1 次印刷
书　　号:ISBN 978-7-114-19447-4
定　　价:48.00 元
(有印刷、装订质量问题的图书,由本社负责调换)

编　委　会

著　作　者：李广楼　张继周　乔建哲　寿幼平

参与人员：董世培　常　方　李振东　李慧婷　仪马兰

　　　　　　崔少平　李华薇　曹宏梅

前　言

　　近年来,我国近岸海域因人类活动和海洋开发强度过大而导致海洋生态环境问题在类型、规模、结构和性质等方面都发生了深刻的变化。特别是近岸海域污染物排放量持续增高,污染物入海通量高居不下,海洋环境保护面临巨大压力,部分近岸海域水质、沉积物和生物质量受到污染,大面积赤潮多发,近岸海域环境质量恶化的趋势尚未从根本上得到缓解。污水中含有各种有机物、氮、磷等营养物质,会导致海洋中的藻类和浮游生物群落大量繁殖,从而引发赤潮,破坏海洋生态平衡,甚至对人类健康造成威胁。此外,污水中还含有大量的重金属、有机污染物等有害物质,这些物质在海水中会逐渐积累,导致海洋生态承载力下降。

　　生态承载力是衡量生态系统可持续发展的重要评估指标。随着海洋开发活动蓬勃发展,海岸带出现了资源日渐匮乏、环境质量下降、生态风险升高等一系列问题,海岸带生态系统呈现出一定的退化趋势。因此,科学评估海岸带生态承载力,将人类活动控制在海岸带生态系统抗干扰调节能力之内,对实现海洋生态系统可持续发展有着重要的现实意义。

　　《中国海洋21世纪议程》指出:合理利用海洋自净能力,深水管道排污可以减少污水治理费用,利用海洋自净能力净化污水。沿海城市应逐步推广污水深水管道排海工程。《中华人民共和国防治陆源污染物污染损害海洋环境管理条例》第十八条规定:向自净能力较差的海域排放含有机物和营养物质的工业废水和生活废水,应当控制排放量;排污口应当设置在海水交换良好处,并采用合理的排放方式,防止海水富营养化。《中华人民共和国海洋环境保护法》第三十条规定也指出:在有条件的地区,应当将排污口深海设置,实行离岸排放。

　　曹妃甸工业区从实际出发,科学合理利用曹妃甸工业区周边海域的环境水体,建设尾水达标后的排污管线处理工程——曹妃甸工业区入海排污口工程。曹妃甸工业区入海排污口工程将曹妃甸化学产业园区污水处理厂处理后的达标尾水通过排海管道排放到曹妃甸甸头与老龙沟航道之间的三角形区域的7m等深线外侧,利用岸外水动力条件实现尾水污染物的充分稀释扩散。该工程的实施,将有利于解决建立环境友好型社会的要求与环境治理能力不足之间的矛盾,且项目符合国家现行产业发展政策,有利于污染物迅速扩散及逐步自净消除,减少园区建设对邻近海域的生态影响。而且,该工程上游的污水再生和高效循环利用,可以有效节约水资源,促进园区循环经济模式的建立,从而提升园区的竞争力,为园区的招商引资工作打下良好的基础。

本书以曹妃甸工业区入海排污口工程为例,依据建设项目用海海域及其周边海域的环境质量、生态和渔业资源现状,分析项目实施所在工程海域的主要环境制约因素;识别与确定特征污染因子,分析其毒性效应,依据数值模拟结果,预测排污口特征因子对海洋生态环境的影响,确定生态承载力控制因子;通过工程海域与周边邻近海域渔业资源现状对比,经相似性统计分析,评价该工程所在海域生态(渔业)环境的可替代性;通过不达标尾水泄漏及管道破裂风险预测,分析该工程实施对主要经济物种“三场一通道”的影响;基于该工程实施对海洋生态承载力的影响分析结果,评估实施方案的海洋生态承载力可行性。

由于编者经验不足且能力有限,书中如有疏漏和不尽完善之处,敬请各位读者和专家批评指正。

作 者
2023 年 12 月

目　录

第一篇

理论篇

第一章 污水深海排放的研究

第一节 我国近岸海域海洋污染现状

当前,陆源污染物输入是我国近岸海水污染加重的主要原因。海域持续接纳的来自入海河流、城镇直接排污口、混合排污口排放污水中的污染物,占入海污染物总量的80%以上。海洋环境污染的评价指标很多,本章主要从海水环境质量状况、近岸海域海水主要污染物、陆源废水排放对海洋环境的污染,以及海洋环境灾害四个方面来分析我国海洋环境污染现状。

一、海水环境质量状况

我国近岸海域因人类活动和海洋开发强度过大而导致海洋生态环境问题在类型、规模、结构和性质等方面都发生了深刻的变化,特别是近岸海域污染物排放量持续增高,污染物入海通量高居不下,海洋环境保护面临巨大压力,部分近岸海域水质、沉积物和生物质量受到污染,大面积赤潮多发,近岸海域环境质量恶化的趋势尚未从根本上得到缓解。

根据《2021年中国海洋生态环境状况公报》,2021年,春、夏、秋三期综合评价结果表明,全国近岸海域水质总体稳中向好,优良水质(一、二类)面积比例平均为81.3%,同比上升3.9个百分点,其中一类水质上升6.1个百分点,二类水质下降2.2个百分点;劣四类水质面积比例平均为9.6%,同比上升0.2个百分点。主要超标指标为无机氮和活性磷酸盐。

2021年夏季,我国对管辖海域1359个国控点位海水水质开展了监测。结果表明,一类水质海域面积占管辖海域面积的97.7%,劣四类水质海域面积为21350km²,同比减少8270万km²,主要超标指标为无机氮和活性磷酸盐。海水中无机氮含量未达到一类海水水质标准的海域面积为61290km²。其中,二类、三类和四类水质海域面积分别为23590km²、10480km²和6290km²;劣四类水质海域面积为20930km²,主要分布在辽东湾、渤海湾、长江口、杭州湾、浙江沿岸、珠江口等近岸海域。活性磷酸盐含量未达到一类海水水质标准的海域面积为40400km²。其中,二类、三类水质海域面积为22950km²,四类水质海域面积为

9940km²;劣四类水质海域面积为7510km²,主要分布在辽东湾、长江口、杭州湾、浙江沿岸、珠江口等近岸海域。无机氮和活性磷酸盐均为劣四类的海域面积为7100km²,主要分布在辽东湾、长江口、杭州湾、浙江沿岸、珠江口等近岸海域。

2001—2021年我国管辖海域未达到一类海水水质标准的各类海域面积如图1-1所示。

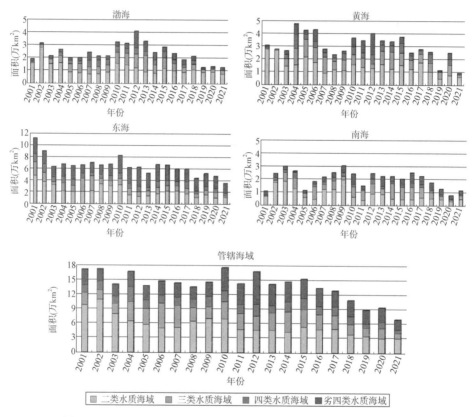

图1-1　2001—2021年我国管辖海域未达到一类海水水质标准的各类海域面积

根据《2021年中国海洋生态环境状况公报》,2021年夏季呈富营养化状态的海域面积共30170km²,其中轻度、中度和重度富营养化海域面积分别为10630km²、6660km²和12880km²;重度富营养化海域主要集中在辽东湾、长江口、杭州湾和珠江口等近岸海域。2011—2021年我国管辖海域呈富营养化状态的海域面积总体呈下降趋势(图1-2)。近岸海域水质污染是陆域经济社会活动对海洋环境负外部性的集中呈现,是过度利用海洋环境容量与忽视海洋自净能力的体现。

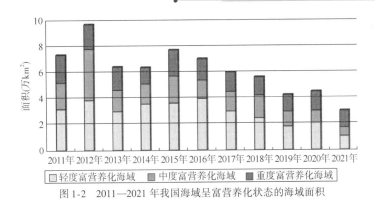

图 1-2 2011—2021 年我国海域呈富营养化状态的海域面积

二、陆源废水排放对海洋环境的污染

1. 不同类型入海排污口占比

根据中国海洋生态环境状况公报,2019 年监测的 448 个直排海污染源中,直排海工业污染源有 179 个,占全国直排海污染源的 40.0%,生活污染源有 61 个,占全国直排海污染源的 13.6%,综合排污口有 208 个,占全国直排海污染源的 46.4%。2020 年监测的 442 个直排海污染源中,直排海工业污染源有 189 个,占全国直排海污染源的 42.8%,生活污染源有 56 个,占全国直排海污染源的 12.7%,综合排污口有 197 个,占全国直排海污染源的 44.6%。2021 年监测的 458 个直排海污染源中,直排海工业污染源有 217 个,占全国直排海污染源的 47.4%,生活污染源有 55 个,占全国直排海污染源的 12.0%,综合排污口有 186 个,占全国直排海污染源的 40.6%。

2. 入海排污口污水及主要污染物排放总量

根据中国海洋生态环境状况公报,我国对排放污水量大于 $100m^3$ 直排海污染源的监测结果显示,2019 年排放污水总量约为 801089 万 t,2020 年排放污水总量约为 712993 万 t,2021 年污水排放总量约为 727788 万 t。排放污水量最大的是综合排污口,其次为工业污染源,生活污染源的排放量最小。四大海区中,东海污水排放量最大,渤海污水排放量最小。

3. 入海排污口污染物超标情况

2019 年,出现超标排口较多的污染物是总磷,超标率在 5% 以上,悬浮物、化学需氧量、总氮、氨氮、pH 值、五日化学需氧量、粪大肠菌群数、阴离子表面活性剂、硫化物、镍、铜、镉、汞在个别排污口超标;2020 年,出现超标排口较多的污染物是总磷,超标率在 5% 以上,悬浮物、五日生化需氧量、化学需氧量、氨氮、粪大肠菌群数、总氮、pH 值、阴离子表面活性剂和硫化物在个别排污口超标,其他污

5

染物未见超标;2021年,开展监测的各项指标中,总磷、氨氮、悬浮物、化学需氧量、五日生化需氧量、粪大肠菌群数、总氮、色度、汞、动植物油和石油类在个别点位超标,其中总磷超标率在4%以内,其他因子在2%以内。

三、海洋环境灾害

作为海洋环境灾害之一的赤潮是海洋环境污染的主要表现。赤潮是在特定环境条件下产生的。导致赤潮发生的相关因素很多,但其中一个极其重要的因素是海洋污染。大量含有各种含氮有机物的废水排入海水中,使得海水富营养化程度提高,当海水富营养化程度上升到能够支撑海洋浮游藻大量繁殖时,赤潮就发生了。

2016—2020年我国海域赤潮发生次数及累计面积总体均呈现逐渐下降的趋势,但2021年赤潮发生次数增加、累计面积又突然增大,并且2021年赤潮累计面积达历年来最大,如图1-3所示。

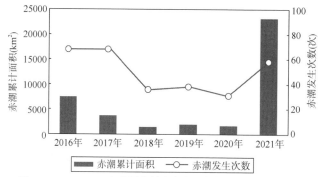

图1-3 2016—2021年我国海域赤潮发生次数及累计面积(km²)

2021年我国海域共发生赤潮58次,累计面积23277km²。四大海区中,东海海域发生赤潮次数最多且累计面积最大,分别为26次和7096km²。2021年我国海域引发赤潮的优势生物共26种。其中,夜光藻作为优势生物引发赤潮的次数最多,为14次;多纹膝沟藻引发赤潮累计面积最大,为8216km²。

第二节 污水深海排放的由来

海洋面积广阔,储水量巨大,是地球上最稳定的生态系统。一直以来,人类通过水域向自然界排放的废弃物,大都由河流搬运,最终流入海洋。近些年来,随着沿海地区经济的迅速发展,城市化进程加快,人类对海洋的污染日趋加重。尤其是近岸海域,由于受到人类排污的直接影响,再加上其水深较浅、水动力条件不强,海水水质持续恶化,污染范围逐年增大。全球每年有数十亿吨的淤泥、污水、工业垃圾和化工废物等被直接排入海洋,河流每年也将近百亿吨淤泥和废水、废物带入沿海水域,海上运输事故导致大量原油泄入海洋造成污染,这些都会引起海洋环境污染和生态破坏,严重威胁着近海生态系统,一些海区的污染物排放量已明显超过其环境容量。目前,我国海洋环境污染主要表现在无机氮、活性磷酸盐、石油浓度等含量超标,表现最为明显的是渤海海域,因海岸环境污染严重,进而导致赤潮现象频频发生,甚至有些滩涂养殖场以及渔场常年荒废抑或是被迫迁移到外海区域,使得很多珍贵的海洋资源逐步消失。近年我国近岸海域生态环境整体状况呈现向好的趋势,但是局部海域的污染问题依然较为严重,其主要原因是部分陆源污染物由入海排污口进入海洋,使海洋生态环境受到影响。

一、污水近岸排放对海洋环境造成的负面影响

污水排海古已有之,最早的污水排海设施是 19 世纪末由英国政府在哈里奇港铺设的。早期的污水排海设施较为简单,污水不经过前期预处理直接排放,而且污水排放口往往设置在岸边或者近岸水下,此外,排污管道的末端没有扩散器。我国对污水排海技术的研究和应用起步较晚,入海排污大部分为沿岸排放。污水沿岸排放会对海洋环境产生以下负面影响:

1. 水质影响

(1)水体富营养化。

污水中含有大量的氮、磷等营养物质,如果这些营养物质排放到近岸海域中,会导致水体富营养化。在富营养化的水体中,藻类等微生物的数量会迅速增加,形成水华,从而使海水变绿。水华会吸收水中的氧气,导致水中氧气含量降低,这对于海洋生物来说是非常不利的,因为它们需要充足的氧气才能生存。此外,水华大量发生,形成浮游生物,这些生物还会吸收大量的光线,导致水下能见度降低。

(2)水体污染。

污水中还含有各种有机物、重金属等有毒物质。如果这些有毒物质排放到近岸海域中,会对海洋生物造成危害,比如导致鱼类死亡或者生殖能力下降。同时,这些有毒物质还会进入海洋生物体内,进而进入人类食物链,对人类健康造成危害。

(3)海岸带受损。

污水排放还会对海岸带造成直接的影响。污水中含有大量的微生物和化学物质,直接排放到海岸带附近会污染海滩、珊瑚礁等生态环境,破坏了海洋生物的栖息地,对海洋生态系统造成很大的影响。此外,污水还会对海岸带的旅游业造成负面影响,降低海岸带的吸引力。

2. 生态系统影响

(1)海洋生物多样性减少。

污水排放对海洋生态系统的影响是非常明显的。如果污水中含有有毒物质,这些有毒物质会直接进入海洋生物体内,导致海洋生物死亡或者生殖能力下降。此外,富营养化的水体还会导致藻类大量繁殖,形成水华,水华会消耗大量的氧气,导致海洋生物缺氧而死亡,或者迫使它们迁徙到其他地方。

(2)海底生态系统破坏。

污水排放还会对海底生态系统造成破坏。如果污水中含有大量的有机物和营养物质,会导致海底生态系统中的微生物、浮游生物等迅速增加,从而导致海底生态系统的平衡被破坏。此外,如果污水中含有有毒物质,这些有毒物质会在海底生态系统中积累,从而影响海底生态系统的生物多样性和生态平衡。

(3)生物迁移。

污水排放会对海洋生物的迁移造成影响。由于污水排放导致海洋生态系统的不稳定,一些生物可能会被迫迁徙到其他地方,这可能会导致生物群体的数量和种类的变化,从而影响海洋生物多样性和生态平衡。

二、深海排放的应用及相关管理要求

随着沿海地区经济大开发的不断推进,城市规模扩大,临海工业、产业园区大量布局,近海海域的污染物负荷进一步加重。据统计,入海污染物大都通过河流、近岸排放设施排放入海。污水的岸边排放,一方面其污染物的稀释扩散速率远不如深水排放快,容易造成高浓度污水在岸边的累积;另一方面,也会对近岸的自然保护区、养殖区等生态敏感区域造成较大的影响。而离岸深水水域,由于其水动力条件好、纳污能力强等特点,受到环保专家的普遍关注。据相关研究,相对于岸边直接排放污水,排污口距岸越远,污染物对近岸海洋环境的影响就越小。在这个前提下,将工业废水、城市污水等集中处理达标后再进行离岸深水排放已成为未来污水排海工程的发展方向。因此,为缓解近岸海域环境压力,改善海洋环境质量,应改变生活污水、工业废水大都近岸排放的现状,实现污水的离岸排放。

随着人们科技水平的提高和环保意识的加强,从20世纪20年代起,扩散器开始应用在污水排海工程中,在污水排放前的预处理中得到广泛使用,排放口也由近岸水域逐渐转移到离岸深水水域。多孔扩散器能有效地将污水分散排放,使之与海水充分混合,降低污染物质浓度,而离岸深水区强劲的水流能更进一步稀释污水,避免形成高浓度的污水场。

目前,欧美国家沿海地区的污水排海工程大都采用污水一级处理后离岸排放的方法。以美国为例,仅美国西海岸就有排海管250多处,尤以加利福尼亚州的洛杉矶、旧金山、圣地亚哥三个城市的排海工程最为密集。其放流管管线长度大都在1~3km左右,最长的达到11.6km,管道直径在1~3m之间,排放口大都设置在20~40m等深线附近,放流污水排放量每天最大可达上百万吨。而新加坡的污水排海标准更高,必须要经过二级处理才能排放,其排污口水深也在20m以上。

《中国海洋21世纪议程》指出"合理利用海洋自净能力,深水管道排污可以减少污水治理费用,利用海洋自净能力净化污水。沿海城市应逐步推广污水深水管道排海工程"。

近年来我国出台了一系列法律法规,对污水排放口及离岸排放提出了相关要求。

《中华人民共和国海洋环境保护法》第三十条规定:入海排污口位置的选择,应当根据海洋功能区划、海水动力条件和有关规定,经科学论证后,报设区的市级以上人民政府环境保护行政主管部门审查批准。环境保护行政主管部门在批准设置入海排污口之前,必须征求海洋、海事、渔业行政主管部门和军队环境保护部门的意见。在海洋自然保护区、重要渔业水域、海滨风景名胜区和其他需要特别保护的区域,不得新建排污口。在有条件的地区,应当将排污口深海设置,实行离岸排放。设置陆源污染物深海离岸排放排污口,应当根据海洋功能区划、海水动力条件和海底工程设施的有关情况确定,具体办法由国务院规定。

《中华人民共和国防治陆源污染物污染损害海洋环境管理条例》第十八条规定:向自净能力较差的海域排放含有机物和营养物质的工业废水和生活废水,应当控制排放量;排污口应当设置在海水交换良好处,并采用合理的排放方式,防止海水富营养化。

《防治海洋工程建设项目污染损害海洋环境管理条例》第二十二条:污水离岸排放工程排污口的设置应当符合海洋功能区划和海洋环境保护规划,不得损害相邻海域的功能。污水离岸排放不得超过国家或者地方规定的排放标准。在实行污染物排海总量控制的海域,不得超过污染物排海总量控制指标。

三、污水离岸深水排放的优势

污水离岸深水排放实质上是在不影响海域使用功能和海洋生态平衡的前提下,利用近海海域水动力强、环境容量大的优点,将污、废水排入水深较深海域,使之迅速与海水混合、稀释,以达到降低污染浓度,减轻其对海洋生态的损害程度。因此,离岸排放城市污水、工业废水,能显著减轻对近岸海域的污染,并且不对离岸海域生态环境造成较大损害。

第二章 海洋生态承载力综述

一、承载力概念的起源

承载力的概念最早可追溯到 18 世纪末的人类统计学领域,用来衡量人类活动和自然环境之间的科学关系,这一概念描述了在特定区域某一环境下对受载体的增长速度和生长规模的限制程度。1798 年,Malthus 在《人口原理》一书中就阐述了人口增长受资源环境限制的观点,他将食物视为影响人类生存与增长的唯一限制因子。随后,比利时数学家 Verhulst 用 Logistic 方程将 Malthus 的基本理论以数学形式描述出来,用因子 K 代表了一定资源空间下承载人口的最大值,称为负载量或承载量,这是承载力概念最原始的数学表达形式。后来通过对 Logistic 方程不断地进行修正和增补,使承载力的研究得到不断发展和完善。直到 1921 年,Park 和 Burgess 最先将承载力的思想引入人类生态学领域,他们提出:承载力表示在一定的时期内某特定环境下,某种个体的存在数量的最高极限。随着人类经济社会的发展演变,承载力逐渐被赋予绝对数量的概念,代表了对容纳能力的限制程度,超过了这个极限值就会发生质变,接着承载力的概念被应用到其他领域,关于资源和环境的单要素承载力研究逐渐兴起,学者们陆续提出了资源承载力和环境承载力的概念,在全世界引起了广泛关注。一直到 20 世纪 70 年代以后,通过 Holling 等国外学者十多年的努力,生态承载力的概念化理论原型才开始形成。从承载力概念的发展过程来看,承载力的概念从以往围绕单要素寻求容纳能力的阈值,逐渐向一种具有综合性、动态性的复合极限值区间转变,这也是承载力研究不断发展和完善的必然趋势。

二、承载力概念的发展

随着土地退化、环境污染、一系列环境公害事件的发生,人们开始将承载力概念发展并应用于人类生态学中,针对资源或环境的单要素承载力研究逐渐兴起。

1. 资源承载力

资源承载力的概念在 20 世纪 80 年代初被联合国教科文组织(UNESCO)定义为:"一个国家或地区的资源承载力是指在可以预见的期限内,利用本地能源及其自然资源和智力、技术等条件,在保证符合其社会文化准则的物质生活水平条件下,该国家或地区能持续供养的人口数量。"在实践中,土地资源、水资源、旅游资源和矿产资源等都能被纳入其中,形成了各自的概念和内涵。

(1)土地资源承载力。

联合国粮农组织(FAO)将每公顷土地的农业产出所能承载的人口数量作为土地承载力的内涵。在这一概念下,美国的 Conklin、Cameir 和 Bursh 分别对非洲、热带雨林农业、刀耕火种与轮作方式的土地资源承载力进行了研究。我国土地承载力研究开始于中科院自然资源综合考察委员会等多家单位联合开展的"中国土地生产潜力及人口承载量研究",这是我国迄今为止进行的最全面的土地承载力方面的研究。

与土地资源类似的矿产资源承载力,主要是指在可以预见的时期内,保障正常社会文化准则的物质条件下,矿产资源用直接或间接的方式表现的资源所能持续供养的人口数量。

(2)水资源承载力

水资源承载力研究开展得相对较多。北美湖泊协会曾对湖泊承载力进行定义;Rijsbenman 用水资源承载力作为城市水资源安全保障的衡量标准;Joardor 从供水角度对城市水资源承载力进行相关研究,并将其纳入城市发展规划中;美国的 URS 公司对佛罗里达流域的承载能力进行了研究。

我国对水资源承载力的研究始于 20 世纪 80 年代后期,并以新疆水资源承载力的研究为代表。1995—2000 年对水资源承载力的研究达到了空前鼎盛,多个"九五"攻关项目和自然科学基金课题都涉及这一领域。目前,水资源承载力概念尚没有公认的定义,归纳起来大致可以分为三类:①用可供养的人口定义,以联合国粮农组织(FAO)和联合国教科文组织(UNESCO)的定义为代表;②以水资源可利用量定义,"在一定的技术经济水平和社会生产条件下,水资源中最大供给工农业生产、人们生活和生态环境保护等用水的能力,也即水资源最大开发容量";③从水-生态-社会经济复杂系统出发,侧重的是区域水资源所能支撑的综合指标,包括人口、经济和环境三方面因素。这些定义一定程度上反映了水资源承载力的内涵,但至今还没有一个普遍接受的定义。概念理解上的差异,使得相应的研究方法上也存在差异。

1990 年后环境承载力这一概念在我国被提出,在环境科学方向又独立发展起了水环境承载力这一研究方向,在概念和量化方法上与水资源承载力大抵相同。

(3)旅游资源承载力

旅游环境承载力概念的发展主要经历了旅游环境容量—旅游环境承载力—

生态旅游环境承载力三个阶段。1963 年，Lapage 首先引入旅游环境容量的概念，到1964 年对旅游环境容量的系统研究才出现，这一年 Wagart 出版了他的学术专著《具有游憩功能的荒野地的环境容量》。由于专业背景和研究视角的不同，出现了大量关于旅游环境容量的定义和相关理解。

国内对旅游环境容量的研究相对较晚，赵红红首先提出旅游环境容量问题，保继刚进行了理论探索，并以颐和园为对象进行了实证运用。崔凤军、刘家明认为"容量"一词削弱了环境对旅游活动承载的主动性，提出了旅游环境承载力概念，认为旅游环境承载力体系由环境生态承载力、资源空间承载力、心理承载力、经济承载力组成，同时提出了以旅游承载指数（TBCI）来量化旅游承载力的方法。刘玲从旅游的 6 个要素出发建立了旅游环境承载力的概念体系和指标体系，杨桂华则扩大到旅游人文环境、生态旅游气氛等要素。随着生态旅游的兴起，生态旅游环境承载力的概念在近几年被提出，它注重生态旅游环境系统结构功能的完整。

2. 环境承载力

1968 年，日本学者将环境容量的概念引入到环境科学中，是环境承载力概念的理论雏形。人们充分认识环境系统与人类社会经济活动关系，在承载力和环境容量的基础上提出了环境承载力的概念。

环境承载力的概念被提出后，受到世界各国的普遍重视，并将其应用到环境管理与规划之中。Daily 等进行了人口、可持续发展和地球承载力的关系研究。

同年，叶文虎等对环境承载力及其科学意义进行了研究。1995 年，诺贝尔经济学奖获得者 Kenneth Arrow 在 *Science* 上发表了《经济增长、承载力和环境》一文，进一步引起了人们对环境承载力相关问题的关注。唐剑武等分析了环境承载力的概念、本质和特点，并将其应用于福建省湄洲湾开发区环境规划和山东省临淄地区的水环境规划中。Saveriades 对塞浦路斯东海岸的旅游承载力进行了研究。

在国外，很多国家也一直在用环境承载力的理论来指导本国的社会经济活动。如：2002 年，美国环保局进行了 4 个镇区环境承载力研究，具体计算了 4 个湖泊的环境承载力，并提出了保护和改善湖泊水质的建议。Furuya 进行了日本北部水产业环境承载力的研究。

国内较严格的"环境承载力"的概念最早出现在《福建省湄洲湾开发区环境规划综合研究总报告》中，即"在某一时期、某种状态或条件下，某地区的环境所能承受的人类活动的阈值"。目前大致主要有 3 种方式定义：①从"容量"角度定义,如高吉喜在《可持续发展理论探索》一书中指出"环境承载力是指在一定生活水平和环境质量要求下,在不超出生态系统弹性限度条件下环境子系统所能承纳的污染物数量,以及可支撑的经济规模与相应人口数量。"②从"阈值"角度定义,《中国大百科全书·环境科学》将环境承载力定义为:"在维持环境系统功能与结构不发生变化的前提下,整个地球生物圈或某一区域所能承受的人类作用在规模、强度和速度上的限值。"③从"能力"角度定义,彭再德等将环境承载力定义为:"在一定的时期和一定区域范围内,在维持区域环境系统结构不发生质的改变,区域环境功能不朝恶性方向转变的条件下,区域环境系统所能承受的人类各种社会经济活动的能力";Schneider 强调,环境承载力是自然或人造环境系统在不会遭到严重退化的前提下,对人口增长的容纳能力。

三、生态承载力概念的产生

与资源承载力和环境承载力等研究不同,生态承载力所关注的不仅仅是区域土地的生产能力所能供养的最大人口数量,而是在不破坏生态系统稳定性的前提下,生态系统所能提供的最大限度的生态服务功能,它是资源承载力和环境承载力的综合。

20 世纪 90 年代,伴随着可持续发展思想的出现,资源因子或环境因子已不能满足对承载力概念的表述,还需要考虑生态要素及整个生态系统。在生态承载力研究方面,国外学者主要从种群生态学的方向出发,提出生态承载力为特定生态系统在一定时间内所能容纳的最大种群数。

国内的研究始于 20 世纪 90 年代初。杨贤智提出的生态环境承载力定义是生态系统的客观属性,是其承受外部扰动的能力,也反映系统结构与功能优劣。高吉喜则强调了生态系统的弹性能力,认为生态承载力是指生态系统的自我维持、自我调节能力,资源与环境子系统的供容能力及其可维育的社会经济活动强度和具有一定生活水平的人口数量,并指出生态承载力支持能力的大小取决于资源承载能力、环境承载能力和生态弹性能力。

王家骥从生态系统的多重稳定性方向考虑,认为生态承载力客观描述了自然体系的调节能力,反映了生物与环境之间的相互作用,各种自然体系都有自我维持平衡的能力,但这种能力也有个极限值,超出就会失衡,如果生态系统不能还原就会继续调节,也是适应变化和恢复的能力,类似于国外 Odum E. P. 和Holling 等提出的多重的稳定状态(Multiple stable states)理论。

杨志峰等将生态系统健康概念引入生态承载力研究中,指出"在一定社会经济条件下,自然生态系统维持其服务功能和自身健康的潜在能力"。它由资源和环境承载力、自然生态系统的弹性度和人类活动潜力三部分组成。该概念充分反映了生态承载力的可调控性,其优点在于将社会经济系统压力作为外力,克服了已有研究中将外力与内力相混淆的缺陷,能够更准确地衡量自然生态系统对社会经济系统的承载能力。王开运基于可持续发展理论进行了讨论,加入了尺度的限定,突出复合系统的功能与交互作用,并将区域交流考虑在内。他认为,生态承载力是指"不同尺度区域一定时期内,在确保资源合理开发利用和生态环境良性循环,以及区域间保持一定物质交流规模的条件下,区域生态系统能够承载的社会人口规模及其相应的经济方式和总量的能力"。

高吉喜进一步发展并丰富了生态承载力的定义,提出生态承载力是生态系统自我调节能力,资源环境系统的支撑能力及可维系的社会人口数量和经济活动强度,并指出资源承载力是生态承载力的基础条件,环境承载力是生态承载力的约束条件,生态弹性力是生态承载力的支持条件。当社会经济持续发展和人口不断增加,超过生态系统可承受范围之内(生态承载力)时,导致生态系统环境失去平衡,若不加以修正和改进,将直接导致社会经济活动的不可持续发展和生态系统的崩溃。随着生态承载力的发展,学者们在陆地生态系统的研究中遇到了瓶颈,逐渐将目光转移到了海洋生态系统,海洋生态承载力的概念便应运而生。

四、海洋生态承载力

海洋是连续、运动的水体,与陆域环境明显不同。目前,对近海环境容量的研究较多。海洋生态承载力反映了作为承载介质的海洋生态系统与受载体人类活动的一种互动耦合关系。对于海洋生态承载力的研究,从总体来看还处于摸索阶段。早期国外的相关研究主要集中在对海洋环境承载力的测评,如20世纪60年代对欧洲波罗的海、日本濑户内海,以及美国纽约和长岛海域的环境容量研究。

国内从20世纪80年代才开始对近岸海域污染物的自净能力和环境容量进行研究。比如在"九五"期间,为了调查中国近海环境容量,国家海洋局在大连湾、胶州湾和长江口组织实施了相关的研究计划。目前,国内对海洋生态承载力研究相对较少。辽宁师范大学的狄乾斌、韩增林研究海域承载力问题相对较早,将海域承载力定义为:一定时期内,以海洋资源的可持续利用、海洋生态环境的不被破坏为前提,在符合现阶段社会文化准则的物质生活水平下,通过海洋的自我调节、自我维持来支持人口、环境和经济协调发展的能力或限度;然后从概念入手,对辽宁湾开展了海域承载力的定量化探讨。苗丽娟等运用综合沿海指标构建了海洋生态承载力指标体系。随着对海域生态承载力研究的陆续开展,学者们逐渐从其他学科找到突破。

毛汉英、余丹林研究了环渤海地区的资源环境综合承载力,对今后变化趋势进行了预测,并探讨了提高区域承载力的对策措施。陈成忠等借用生态足迹、生物承载力概念的内涵,提出了海洋足迹、海洋生物承载力两个新概念:海洋生物承载力指海洋单位水域供给人类生物资源的能力,即海洋单位水域资源密度(密度大,海洋生物承载力大;密度小,海洋生物承载力小;密度为 0,表明海洋生物资源枯竭,海洋生物承载力为 0)。在此基础上,陈成忠等运用非线性科学理论,建立了海洋生物承载力二次非线性开发的动力模式,对海洋承载力与其增长率的关系,以及为保证海洋生物资源的可持续利用,人类必须控制的最大海洋足迹增长率进行了研究,为海洋生物资源开发和管理部门提供了一定的理论参考。

本书基于工程实施对海洋生态承载力的影响,结合海域生态(渔业)环境的可替代性,评估工程实施方案的海洋生态承载力的可行性。

第三章　典型污染物对生物资源
影响的毒性效应分析

入海排污口工程对水生生态系统的影响具有时间长远、负面效应显著等特征,特征污染物主要有石油类、苯、二甲苯、氰化物和丙烯腈等物质。本章重点研究上述特征污染物对水生生物的毒理效应。

化学物质进入水环境后,对水生生物造成的影响是多方面的,全面地评价一种化学物质的环境效应需要进行各种试验和收集各项有关的资料,从而获得化学物质对水环境生态毒理学影响的较为完整的评价。水生生物急性毒理试验是最重要的方法之一,该方法不仅可以用来测定和评价单一化学物质对水生生物的影响,而且还能用来直接测定工业废水的毒性和几种化学物质混合后的联合毒性。急性毒性试验的目的是探明环境污染物与机体作短时间接触后所引起的损伤作用,找出污染物的作用途径、剂量与效应的关系。一般用半致死浓度(LC_{50})或半抑制浓度(IC_{50})表示急性毒作用的程度。

安全浓度(Safe Concentration,SC),是对试验生物无影响的毒物浓度。该浓度可以通过少量生物种群毒理试验数据 LC_{50}、EC_{50}(半最大效应浓度)、IC_{50} 等乘以安全系数(应用系数或急慢性比率)获得。这是美国 EPA 推荐的方法,应用最为广泛。安全系数根据文献以及有毒污染物的特性决定,变化范围在 $0.001 \sim 0.1$ 之间。

第一节　石油类的毒性和对资源生物的影响

石油对海洋生物的危害可分为以下两类:第一类是石油对生物的涂敷或窒息效应。分子量较高的非水溶性焦油类物质能涂敷海鸟的羽毛,覆盖在螃蟹、牡蛎、藤壶等潮间带生物表面。只有少量生物如管虫、藤壶受到的影响较小,然而水鸟等多种生物所受到的影响是灾难性的。第二类是指当生物体内脂肪或体液中油与其他碳氢化合物的摄入量达到一定浓度时,生物体内的代谢机制就会被破坏。就第二种毒性效应而言,通常认为毒性大小依次为轻质燃料油 > 重质燃料油 > 原油。

一、石油类对浮游植物的影响

浮游植物抵抗油污染的能力是相当惊人的,即使在高度损害的情况下,它们的恢复速度也要比其他的生物快得多。例如,坦皮港口发生的日本商船漏油事件严重影响了大型藻类的数量,但是在很短时间内大型海藻就出现了增殖。研究表明,0.1～10.0mg/L浓度石油烃对旋链角毛藻生长皆表现为促进作用,而且促进作用随石油烃浓度的增加先增加,然后再降低。这说明无论是低浓度(如0.1mg/L),还是高浓度(如5.0mg/L、10.0mg/L)石油烃对其生长都表现为促进作用。高浓度石油烃污染物(CPH > 1.05mg/L)对裸甲藻、新月菱形藻、三角褐指藻、小球藻和亚心形扁藻的生长有抑制作用,对于中肋骨条藻,石油烃污染物浓度在高于1.96mg/L时抑制其生长。但低浓度石油烃污染物则易促进赤潮藻类(裸甲藻、新月菱形藻、中肋骨条藻)的生长。这并不能说明植物适于在油污染海域生长,它们的耐受能力可能与它们对石油烃的生物富集能力有关,当超过其耐受能力的时候,对藻类的生长影响仍然是负面的。

二、石油类对浮游动物的影响

路鸿燕等的试验显示,在低浓度试液中,裸腹蚤大多趋向于光亮一侧,在短期内其跳动未见异常,行为与对照组没有太大的差异。但在高浓度试液中,大部分裸腹蚤有向液面或杯壁冲撞的行为,趋光性也不明显。随着测试时间的延长,裸腹蚤跳动强度逐渐减弱,最后呈昏迷状态,沉入玻璃杯底部。与徐汉光等的研究对照显示,蒙古裸腹蚤对油的敏感性大于中华哲水蚤。路鸿燕等的实验表明,石油可导致蚤的产前发育期延长,每胎产幼数减少,产幼间隔也稍有延长(有的甚至不能第二次产卵),且产出的幼体一般不能正常生长。

三、对底栖生物的影响

许多研究已证明,海洋软体双壳类(如牡蛎、贻贝等)从环境中富集石油烃能力要大于鱼类,而其代谢、释放石油烃的能力却远小于鱼类。牡蛎、贻贝能吸收大量的石油在它们的鳃部和肠子内,对油污染有极强的抵抗力,许多细小油珠可被它们吸收而从海面上消失。但是扇贝幼贝在摄食饵料时,几乎无选择地也同时摄食海水中的悬浊油分,进入胃中的油滴破乳后互相结合成大油滴,最终由于充满胃中不能排泄出体外而导致幼贝死亡。在受污染的水域,鱼类和甲壳类石油烃含量水平大多在10～20mg/kg间,少数超过30mg/kg,贝类石油烃含量一般较高,大多在50～100mg/kg间。重污染水域中,贝类曾有超过1000mg/kg的记录。鱼类和甲壳类的富集系数一般在$n \times 10^2$范围,而贝类的富集系数一般在$n \times 10^3 \sim n \times 10^4$范围。但是当海水中油含量达0.01mg/kg时,就会导致牡蛎组织部分坏死;当煤油浓度为 0.001~0.004mg/kg 时,纺织螺对食物的趋化能力降低。

四、石油类对虾蟹类的影响

据贾晓平和林钦报道,南海原油的分散液对斑节对虾(Penaeus monodon)、日本对虾(P. japonicus)、刀额对虾(Metapenaeus ensis)三种虾仔的 96h LC_{50} 值范围分别为 3.55mg/L、2.40mg/L 和 4.09mg/L。

曝油仔虾中毒症状表现为体色改变,曝油 5~12h 后,消化道逐渐呈棕红色。镜检表明,这是细微油粒在仔虾消化道内蓄积所致,并随曝油浓度递增和曝油时间延长而颜色愈加明显。曝油 24h 后,仔虾腹部和尾部不同程度地出现絮状物或棕色黏附物,仔虾的活动能力和摄食能力明显下降。此后,曝油仔虾身体逐渐失去平衡,不停地翻转打旋,逐渐昏迷而死亡。

五、石油类对鱼类的影响

据贾晓平和林钦报道,南海原油的分散液对黄鳍鲷(Sparus latus)、黑鲷(S. macrocephalus)、前鳞鮻(Mugil opuyseni)和七星鲈(Lateolabrax japonicus)四种鱼仔的 96h LC_{50} 值分别为:9.12mg/L、5.89mg/L、7.18mg/L 和 0.28mg/L。

曝油仔鱼主要中毒症状表现为三个方面:

(1)缺氧窒息,各种油类不同浓度组中的曝油仔鱼均出现缺氧而浮头的现象,并随试验液中油浓度的升高表现更加明显,这不但是因为随试液中油浓度增高而造成试验液中溶解氧降低,而且通过镜检发现,不同浓度组曝油仔鱼的鳃部不同程度地分布着分散性油滴,阻碍了曝油仔鱼的正常呼吸。

(2)曝油仔鱼体表黏膜受破坏,鳍部和尾部损伤糜烂,在几种曝油仔鱼中,尤以前鳞鮻的这种现象最为明显,曝油过程中,仔鱼体表黏膜受损一般出现在曝油 24h 后,先是体表某些部位出现分散性絮状物,然后逐渐扩大以致脱落,曝油 48h 后,曝油仔鱼鳍部和尾部损伤以致糜烂。

(3)曝油后仔鱼急躁不安,并有狂游、冲撞现象,尤以高浓度曝油仔鱼的症状最为明显,经一段时间后,曝油仔鱼游动趋于缓慢,身体失去平衡,翻转打旋,抽搐痉挛,逐渐麻痹昏迷致死。取样镜检表明,曝油仔鱼的消化道中均观察到细微油粒,油粒的数量大体呈现随曝油浓度加大而递增的趋势。

水域中石油类污染物通过鱼类体肤渗透、呼吸代谢蓄积在鱼体中,造成鱼类弯曲畸形,影响鱼类的生长繁殖;受石油类污染的鱼肉有煤油味和酚味,特别是在加热后,气味更加明显,严重影响鱼类的可食用性,并对人类的健康产生危害。当水中石油烃浓度在 20mg/L 时,鱼类则不能生存。

六、石油类对海洋生物影响的生物机理分析

1. 对神经系统的影响

由于大多数油类物质具有很强的亲脂性,因此其对生物的神经毒害作用是十分明显的。柴油曝油后的仔鱼急躁不安,并有狂游、冲撞现象,尤其以高浓度曝油仔鱼的症状最为明显,经过一段时间后,曝油仔鱼游动趋于缓慢,身体失去平衡,翻转打旋,抽搐痉挛,逐渐麻痹昏迷致死。仔虾曝油 24h 后,活动能力和摄食能力明显下降,此后,身体逐渐失去平衡,不停地翻转打旋,逐渐昏迷而死亡。油污染地区存活的螃蟹会出现运动器官衰退、挖穴能力降低、逃难反应迟钝、脱皮次数增加、在非交配季节展示交配色泽等异常行为,污染区沉积物中石油烃的浓度超过 200×10^{-6} mg/kg 时,幼蟹一般熬不过冬季,这主要是由于这些地区的螃蟹挖穴深度没有正常时那么深,幼蟹待在浅穴中通常会被冻死。螃蟹摄入有机物时,会导致神经器官中毒,这样挖穴就出现了异常。

2. 对呼吸系统的影响

鱼鳃是鱼类进行气体交换的重要器官,而且具有吸收外源污染物质的作用,在油污染情况下,大量的水通过鱼鳃后,毒物聚集在鳃中,导致鱼类窒息死亡。贾晓平等通过镜检发现,不同浓度组曝油仔鱼的鳃部不同程度地分布着散性油滴,阻碍了仔鱼的正常呼吸。成鱼鳃室表面的黏液虽然能防止油的浸润,但同时也会吸附大量的油类物质在其表面,造成鱼的鳃部发炎和呼吸障碍。在油污染的后期,很多鱼类虽然能在污染区正常生存,但患烂鳃病的概率很高。这与鱼类鳃室表面的碳氢化合物对覆盖在表面的黏液的溶解作用有很大关系。因为这层黏液对鱼类来说是重要的环境阻尼,具有渗透压调节和疾病寄生虫的防护作用。

3. 对生殖系统的影响

Tomas 和 Budiantara 报道了在萘(naph-thalene)和燃油中暴露后的细须石首鱼血浆中雌二醇和睾酮浓度降低,且这一结果与卵巢组织对激素刺激的应激性降低有关。目前的研究尚不能就有机物污染对鱼类生殖过程的影响达成一致。石油烃确能导致鱼类的雌雄比例失调,对幼体有致畸作用,并降低其成活率。

七、石油类对海洋生物影响小结

根据对渤海海域海洋生物的相关研究(表 3-1),石油类对虾蟹类的平均 LC_{50} 值为:3.35mg/L,变化范围为:2.40 ~ 4.09mg/L,安全浓度为 0.03mg/L;石油类对鱼类的平均 LC_{50} 值为 7.39mg/L,变化范围为:5.89 ~ 9.12mg/L,对应的安全浓度为 0.07mg/L。因此,石油类对海洋生物的安全浓度为 0.03mg/L。

石油类对海洋生物的毒性效应   表 3-1

种类	LC₅₀/EC₅₀（mg/L）	安全浓度（SC）（mg/L）
虾蟹类	**3.35**	**0.03**
斑节对虾（Penaeus monodon）	3.55	0.03
日本对虾（P. japonicus）	2.40	0.02
刀额对虾（Metapenaeus ensis）	4.09	0.04
鱼类	**7.39**	**0.07**
黄鳍鲷（Sparus latus）	9.12	0.09
黑鲷（S. macrocephalus）	5.89	0.05
前鳞鲻（Mugil opuyseni）	7.18	0.07

第二节　苯系物的毒性和对资源生物的影响分析

苯系物（BTEX）是苯（benzene）、甲苯（toluene）、乙苯（ethylbenzen）和对二甲苯的 3 种同分异构体（o-, m-, p-xylene）的统称。

一、苯系物对底栖动物的影响

Canova 等研究表明，地中海贻贝和紫贻贝伍体内苯并[a]芘浓度随着苯并[a]芘曝污时间的延长和曝污浓度的增大而增加，表现出剂量效应关系，并且消化盲囊中苯并[a]芘蓄积量高于鳃和斧足中苯并[a]芘蓄积量。

Pan 等对于栉孔扇贝暴露于苯并[a]芘的研究也表明，Blalp 在栉孔扇贝体内的含量随污染物的暴露时间和剂量而变化，且消化盲囊 Blalp 含量显著大于鳃。同时污染物蓄积量消化盲囊＞鳃＞闭壳肌。这是因为，一般污染物首先通过鳃进入体内，鳃是直接与外界进行气体交换的场所，可分解淋巴液中的有毒物质，转移外界进来的异物，进行离子和酸碱调节等多种功能，在贝类的生命活动中发挥着极其重要的作用，也是污染物产生毒性作用的最初位点；污染物也可通过食物和体表渗透进入体内，最终都通过血淋巴经流全身，从而在各个部位蓄积，由于消化盲囊在体内起着解毒作用，所以血淋巴中的污染物大部分将被截留而蓄积在消化盲囊内。因此，Blalp 大部分蓄积在消化盲囊内，少部分蓄积在鳃内，而闭壳肌相对含量很低。

在胶州湾比较自然的海区的栉孔扇贝组织中，苯并[a]芘含量，各组织均有蓄积，但都没有超出国家卫生标准，蓄积量与海区中苯并[a]芘浓度具有较好的相关性，除血淋巴和闭壳肌外，其他各组织中苯并[a]芘蓄积量均与海水中苯并[a]芘浓度呈正相关。

以多环芳烃的典型污染物苯并[a]芘为污染物,以海水和溶剂 DMSO 作为对照,以苯并[a]芘对多齿围沙蚕进行 14 天毒性暴露,发现多齿围沙蚕表现出明显的对苯并[a]芘的毒性响应,包括脂质过氧化、抗氧化酶系统和解毒酶系统的诱导、DNA 损伤、凋亡和组织病理学变化等。

环境中典型的有毒污染物苯系物 BTEX(苯和二甲苯)作为暴露的目标污染物。根据姜北(2013)报道,以养殖仿刺参(Apostichopus japonicus)作为受试生物,对其进行了急性毒性试验和 96h 亚致死效应的毒性试验,通过急性毒性试验确定了苯系物对仿刺参的半数致死浓度(LC_{50}),通过亚致死效应的毒性试验研究,不同浓度的苯系物暴露对仿刺参体腔液中免疫指标的影响。海水中的 4 种苯系物在 10h 内挥发基本完全,海水中苯系物的挥发速率大小顺序分别是:苯 >间二甲苯 > 对二甲苯 > 邻二甲苯。海水中苯系物挥发一半浓度所需的时间基本在 3h 以内。苯系物对仿刺参的急性毒性试验表明:对二甲苯的毒性效应最大,苯的毒性效应最小,苯系物对仿刺参的毒性效应大小顺序是:对二甲苯 > 间二甲苯 > 邻二甲苯。苯系物对仿刺参的半数致死浓度分别是:苯 101.61mg/L、邻二甲苯 34.58mg/L、间二甲苯 27.19mg/L、对二甲苯 20.25mg/L。

以上结果表明,苯系物对底栖动物的 LC_{50} 值范围为 20 ~ 110mg/L,安全浓度为 0.20mg/L。

二、苯系物对虾蟹类的毒性

据李学峰等报道,以中华新米虾(Neocaridina denticulata sinensis)为受试生物,采用半静态生物测定方法,研究了 BTEX 污染物对中华新米虾的单一急性毒性和联合毒性效应。在单一毒性试验中,二甲苯对中华新米虾的 96h LC_{50} 值为 11.3mg/L。基于等毒性溶液法(ETS)分析了 BTEX 二元混合物的联合毒性,结果表明,甲苯-乙苯、乙苯-二甲苯与甲苯-二甲苯按不同毒性单位比(4∶1、3∶2、2∶3、1∶4)组成的二元混合物对中华新米虾的联合毒性作用均表现为相加作用。基于毒性单位法(TU)和混合毒性指数法(MTI)研究了甲苯-乙苯-二甲苯按浓度比 1∶1∶1 和毒性单位比 1∶1∶1 所组成的三元混合物对中华新米虾的联合毒性,96h LC_{50} 分别为 11.6mg/L、10.7mg/L,毒性大小与 3 种苯系物单独作用相当。当暴露时间为 48h 时,联合毒性表现为部分相加作用,而暴露时间为 96h 时,联合毒性作用为协同作用,即随着暴露时间的增加,甲苯-乙苯-二甲苯组成的三元混合物的联合毒性从部分相加作用转变为协同作用,但是协同作用均不明显,非常接近于相加作用。因此,甲苯、乙苯和二甲苯对中华新米虾的联合毒性作用主要表现为相加作用。

三疣梭子蟹体内苯并[a]芘含量在前期增加迅速,随后增加趋于缓慢。其原因是,生物体对有机污染物的吸收主要取决于其生物体体内脂肪与水体中有机物的分配。在富集前期,三疣梭子蟹体内苯并[a]芘含量比较低,生物体开始大量吸收苯并[a]芘,污染物主要由水相向有机相迁移,即生物体体内脂肪对苯并[a]芘的吸附起主要作用。过一段时间富集以后,三疣梭子蟹体内苯并[a]芘逐渐趋于饱和,富集增加幅度减小。但是一旦进入清洁水体,三疣梭子蟹体内苯并[a]芘含量迅速下降,成为苯并[a]芘释放。这主要是因为当暴露于清洁海水中时,生物体体内苯并[a]芘与海水再次建立新的分配平衡。首先,富集在其鳃上的苯并[a]芘通过鳃部的微胶层释放和转移部分苯并[a]芘。其次,肝脏等器官对苯并[a]芘也具有一定的通过代谢释放的能力。

通过苯系物对中华新米虾的毒性结果可以得出,二甲苯对甲壳动物的 LC_{50} 值为 11.3mg/L,对应安全浓度为 0.11mg/L。

三、苯系物对鱼类的毒性效应

1. 苯系物对斑马鱼的毒性效应

(1)甲苯对斑马鱼的毒性效应

据范亚维、周启星报道,以斑马鱼(Brachydanio rerio)为实验生物,采用半静态实验方法,在甲苯对斑马鱼的毒性效应试验中,最高溶剂对照及空白对照均未出现异常症状。当甲苯浓度超过引起斑马鱼死亡的初始浓度 70mg/L 时,随着甲苯浓度的增加,斑马鱼死亡率逐渐升高;当其浓度到达 95mg/L 时,斑马鱼全部死亡。肉眼观察发现,甲苯暴露下,试验开始 10min 后,斑马鱼即开始失去平衡,并剧烈、无序游动,同时伴有抽搐,中毒症状严重程度与浓度大小基本成正比。观察死亡鱼体发现,腮部有明显充血症状。

斑马鱼死亡率经单样本 K-S 检验,属于正态分布($P > 0.05$)。同时,对甲苯浓度和斑马鱼致死率进行剂量-效应相关性分析(表 3-2),得到 Pearson 相关系数 r 为 0.990。可见,甲苯对斑马鱼毒性作用存在明显的剂量-效应相关关系。甲苯对斑马鱼的毒性作用曲线如图 3-1 所示。

甲苯、乙苯和二甲苯对斑马鱼 96h 剂量——效应相关性分析　　表 3-2

化合物	r	p	P
甲苯	0.99	0.001*	0.996
乙苯	0.978	0.004*	0.977
二甲苯	0.963	0.037*	0.947

注:r 为相关系数;p 为相伴概率;P 为单样本 K-S 检验统计量概率,$P > 0.05$ 时符合正态分布;* 表示在 0.05 水平显著相关,其他则在 0.01 水平显著相关。

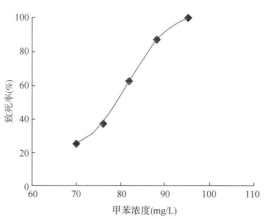

图 3-1 甲苯对斑马鱼的毒性作用曲线

由数据结果分析得到 96h 半致死浓度 LC_{50} 及毒性试验回归方程,如表 3-3 所示。甲苯对斑马鱼半致死浓度 96h 半致死浓度 LC_{50} 为 77.5mg/L,其 95% 置信区间为 73.1 ~ 81.0mg/L,安全浓度应低于 0.78mg/L。根据化学物质对鱼类毒性分级标准(国家环保局水和废水监测分析方法编委会,2002),甲苯对斑马鱼属中等毒性。

甲苯、乙苯和二甲苯对斑马鱼 96h 半致死浓度 LC_{50} 及毒性试验回归方程

表 3-3

化合物	回归方程	LC_{50}(mg/L)	95% 置信区间(mg/L)	R^2	X^2
甲苯	$Y = -38.811 + 20.544X$	77.479	73.063 ~ 81.040	0.98	10.150
乙苯	$Y = -28.825 + 19.327X$	31.003	29.019 ~ 33.032	0.942	13.409
二甲苯	$Y = -62.728 + 40.691X$	34.799	33.804 ~ 35.983	0.947	9.804

注:Y 为死亡概率;X 为物质浓度对数;R^2 为回归方程相关系数;X^2 为卡方值。

(2)乙苯对斑马鱼的毒性效应

在乙苯对斑马鱼的毒性效应试验中,最高溶剂对照及空白对照均未出现异常症状。试验开始 30min 内,各暴露组斑马鱼兴奋并快速游动,之后失去平衡,开始竖游、侧游,偶尔出现挣扎性窜动。中毒症状严重程度与浓度大小基本成正比。观察死亡鱼体发现,腮部同样有明显充血现象。

预试验和正式试验均表明:当乙苯浓度为 26mg/L 时,斑马鱼开始出现死亡。当乙苯超过这一浓度,斑马鱼死亡率随暴露浓度的增加而升高。当乙苯浓度达到 40mg/L 时,斑马鱼全部死亡。斑马鱼死亡率经单样本 K-S 检验,属于正态分布($p > 0.05$)。同时,将乙苯对斑马鱼毒性作用进行剂量-效应相关性分析,得到 Pearson 相关系数 r 为 0.978。可见,乙苯对斑马鱼毒性作用存在明显的剂量-效应相关关系($p < 0.01$)。

乙苯对斑马鱼96h半致死浓度LC_{50}及毒性试验回归方程如表3-3所示。乙苯对斑马鱼半致死浓度96h LC_{50}为31.0mg/L,其95%置信区间为29.0~33.0mg/L,安全浓度为0.31mg/L。根据化学物质对鱼类毒性分级标准(国家环保局水和废水监测分析方法编委会,2002),乙苯对斑马鱼属中等毒性。

(3)对二甲苯对斑马鱼的毒性效应

在对二甲苯对斑马鱼的毒性效应试验中,最高溶剂对照及空白对照均未出现异常症状。试验开始30min内,斑马鱼失去平衡,剧烈、无序游动。中毒症状严重程度与浓度大小基本成正比。观察死亡鱼体,腮部也有明显的充血现象。

试验表明,当对二甲苯浓度为30mg/L时,斑马鱼出现少量死亡情况;当其浓度增加到32mg/L时,约12%斑马鱼死亡;随着对二甲苯浓度增加,斑马鱼死亡率逐渐升高。当对二甲苯浓度达到3.040mg/L时,斑马鱼全部死亡。斑马鱼死亡率经单样本K-S检验,属于正态分布($p>0.05$)。同时,对二甲苯浓度和斑马鱼致死率进行剂量-效应相关性分析,得到Pearson相关系数r为0.963,可见,对二甲苯对斑马鱼毒性作用存在明显的剂量-效应相关关系($p<0.05$)。

对二甲苯对斑马鱼96h半致死浓度LC_{50}及毒性回归方程如表3-3所示。对二甲苯对斑马鱼96h半致死浓度LC_{50}为34.8mg/L,其95%置信区间为33.8~36.0mg/L,安全浓度为0.348mg/L。根据化学物质对鱼类毒性分级标准(国家环保局水和废水监测分析方法编委会,2002),对二甲苯对斑马鱼属中等毒性。

2.苯系物对剑尾鱼的毒性效应

根据王宏等报道,苯、二甲苯对剑尾鱼96h半致死浓度LC_{50}分别为123mg/L和29.2mg/L。其安全浓度分别为1.23mg/L和0.29mg/L。从实验数据可以看出,烷基苯类物质水生生物的毒性为:二甲苯>苯。

从斑马鱼和剑尾鱼的试验数据可以简单得出,苯系物对鱼类的平均半致死浓度范围为29.2~123mg/L,且随着甲级取代基数量的增加,烷基苯的毒性越大。其安全浓度应小于0.29mg/L。

四、苯系物对海洋生物的毒性总结

苯对底栖动物的LC_{50}为101.6mg/L,安全浓度为1.01mg/L;苯对鱼类的LC_{50}为16.02mg/L,安全浓度为0.16mg/L。基于苯的毒性和遵循最敏感的原则,苯对水生生物的安全阈值为0.16mg/L(表3-4)。

二甲苯对虾蟹类的LC_{50}为11.3mg/L,安全浓度为0.11mg/L;对二甲苯对底栖动物的LC_{50}为20.3mg/L,安全浓度为0.20mg/L;对二甲苯对鱼类的LC_{50}为

29.2mg/L,安全浓度为0.29mg/L。基于对二甲苯的毒性和遵循最敏感的原则,对二甲苯对水生生物的安全阈值为0.11mg/L。

苯系物对海洋生物的毒性(单位:mg/L) 表3-4

生物类群	苯	对二甲苯	安全浓度 S_c(mg/L)
虾蟹类	—	**11.3**	**0.11**
中华新米虾(Neocaridina denticulata sinensis)	—	11.3	
底栖动物	**101.6**	**20.3**	**0.20**
仿刺参(Apostichopus japonicus)	101.6	20.3	
鱼类	**16.02**	**29.2**	**0.16**
斑马鱼(zebra fish)	16.02	34.8	
剑尾鱼(swordtail)	123	29.2	

第三节　氰化物的毒性和对资源生物的影响

常见的氰化物有氰化钠、氰化钾和氰化氢,三者均属剧毒的化学物质,易溶于水。近年来,伴随着有机化工等工业的发展,其生产过程中极易产生大量有毒的含氰废水。环境监测中将氰化物列为环境优先控制、优先监测。

一、氰化物对浮游植物的急性毒性

据 EPA 报道,氰化物对浮游植物(小球藻)的平均 LC_{50} 为18.65mg/L,变动范围为 7.30 ~ 30mg/L。根据应用系数法,氰化物对浮游植物的安全浓度为 0.073mg/L。

二、氰化物对虾蟹类的毒性

据 Alexander 等报道,氰化物对糠虾 Mysidopsis bahia 的 LC_{50} 为 0.043 ~ 0.070mg/L,安全浓度为 0.011 ~ 0.020mg/L。EPA 和 Lussier 等报道,氰化物对糠虾 Mysidopsis bahia 的 LC_{50} 为 0.093 ~ 0.113mg/L,安全浓度为 0.009mg/L。

氰化物对虾蟹类的平均 LC_{50} 为 0.064mg/L,变动范围为 0.043 ~ 0.113mg/L,安全浓度为 0.009mg/L。

三、氰化物对贝类的毒性

缢蛏属于血兰型动物,氰化物在缢蛏中的残留,主要是测定缢蛏在含有氰化物的环境中的残留量,探讨人类和其他经济动物食用它后是否有害。研究证实,蛏体的残留量随环境中氰化物的浓度而变化,而且其含量总是远低于实验介质中的起始浓度。当生活环境中氰化物消失时,蛏体的残留量也同时随之消失,说明蛏体对氰化物无富集作用,在体内的残留期也很短。

据 EPA 报道,氰化物对牡蛎 Crassostrea sp. 的 LC_{50} 为 0.15mg/L,对贻贝 Mytilus edulis 的 LC_{50} 为 0.118mg/L。Thompson 发现氰化物对贻贝 Mytilus edulis 的 14 天 LC_{50} 为 0.018mg/L。

氰化物对贝类的平均 LC_{50} 为 0.134mg/L,变动范围为 0.118 ~ 0.15mg/L,安全浓度为 0.011mg/L。

四、氰化物对鱼类的急性毒性

氰化物对水生生物的毒性很大,当合成氰离子浓度为 0.04 ~ 0.1mg/L 时,就能使鱼类致死,甚至在氰离子浓度 0.009mg/L 的水中鲟鱼逆水游动的能力就要减少约 50%。

氰化物对鱼类的毒性与环境有关,这是因为氰化物的毒性主要是氢氰酸的形成而产生的,因此,pH 值的变化能影响毒性,亦即在碱性条件下氰化物的毒性较弱,而 pH 值低于 6 时则毒性增大,另外,水中溶解氧的浓度亦能影响氰化物的毒性。例如,在氰化物浓度为 0.105 ~ 0.155mg/L 的水中,虹鳟的存活时间将随溶解氧自 10% ~ 100% 的递增而相应延长,溶解氧的浓度大,鱼类存活时间长。

不同金属离子的存在对氰化物的毒性也产生影响,例如当有锌或镉离子存在时,由于它们和氰离子协同作用,因而使毒性增强,而当有镍离子中铜离子存在时,由于能与氰离子形成稳定的络合离子,故可减弱其毒性。具体情况见表 3-5 ~ 表 3-7。

氰化物与各种金属离子络合时对鲟鱼的毒性(20℃) 表 3-5

络合氰化物中的中心离子	所测得的平均耐受限(折合成氰离子的毫克/升值)		
	24h	48h	96h
钠	0.25	0.24	0.23
锌	0.20	0.19	0.18
镉	0.23	0.21	0.17
镍	—	2.5	0.95
铜	2.2	2.0	1.5

注:氰离子的毫克/升指总氰化物浓度。

电镀废水中氰化物对鱼类的影响 表 3-6

氰化物类型	浓度		试验生物	影响
	mg/L	表示方法		
氰化钠	0.3	CN^-	鲟鱼、鲶鱼	24h 内无影响
氰化钾	0.04 ~ 1.2	CN^-	金鱼	3 ~ 4 天死亡

续上表

氰化物类型	浓度		试验生物	影响
	mg/L	表示方法		
氯化氰	0.08	CN⁻	鱼	生死临界点
亚铁氰化钾	984	CN⁻	鲦鱼、金鱼	不死
铁氰化钾	848	CN⁻	鲦鱼、金鱼	不死

氰化物主要毒性对鱼类的毒害试验　　　　　　　　　表 3-7

毒物名称	致死浓度(mg/L)	致死时间(h)	附注
游离氰化物 CN⁻	0.3~0.5	24	0.5mg/L 2h 死亡 20%,25h 全部死亡。0.2mg/L 初放时呈昏迷状态,一天复活

可见,简单氰化物的毒性远大于络合氰化物的毒性,另外,无机氰的毒性远大于有机氰的毒性。

如表 3-8 所示,氰化物对鱼类的危害较大。水中氰化物含量折合成氰离子(CN⁻)浓度为 0.04 ~ 0.1mg/L 时,就能使鱼类致死,甚至在氰离子浓度 0.009mg/L 的水中鲟鱼逆水游动的能力就要减少约 50%,氰化物在水中对鱼类的毒性还与水的 pH 值、溶解氧及其他金属离子的存在有关。这是因为氰化物的毒性主要是氢氰酸的形成而产生的,因此,pH 值的变化能影响毒性,亦即在碱性条件下氰化物的毒性较弱,而 pH 值低于 6 时则毒性增大,另外,水中溶解氧的浓度亦能影响氰化物的毒性。例如,在氰化物浓度为 0.105 ~ 0.155mg/L 的水中,虹鳟的存活时间将随溶解氧自 10% ~ 100% 的递增而相应延长,溶解氧的浓度大,鱼类存活时间长。不同金属离子的存在对氰化物的毒性也产生影响,简单氰化物的毒性远大于络合氰化物的毒性。在 24h 内络合氰化物中所测得的平均耐受限(折合成氰离子的毫克/升值)为 0.20 ~ 0.25mg/L。氰化物对鱼类的急性毒性中,白鲢安全浓度为 0.32mg/L(总氰化物浓度),鲫鱼与草鱼致死浓度为 0.15 ~ 0.2mg/L,鲫鱼最小致死浓度为 0.2mg/L,鲍鱼半致死浓度为 0.39mg/L,白扬鱼最小致死浓度(4 天)为 0.06mg/L,鲦鱼最小致死浓度(4 天)为 0.2mg/L,河鳟在 0.05mg/L 时 5 ~ 6 天死亡,虹鳟在 0.07mg/L 时 3 天中毒翻肚,大翻车鱼在 0.40mg/L 时 4 天存活。现有文献表明,在 15 ~ 17℃试验,HCN 对蛙科鱼的致死临界浓度为 0.05 ~ 0.07mg/L,然而对暖水性鱼类 HCN 的致死临界浓度为 0.10 ~ 0.15mg/L。

氰化物对鱼类的急性毒性   表 3-8

鱼的种类	观察指标	总氰化物浓度（mg/L）
白鲢	安全浓度	0.32
鲫鱼与草鱼	致死浓度	0.15 ~ 0.2
鲫鱼	最小致死浓度	0.2
白扬鱼	最小致死浓度(4 天)	0.06
鲦鱼	最小致死浓度(4 天)	0.2
河鳟	死亡(5 ~ 6 天)	0.05
虹鳟	中毒翻肚(3 天)	0.07
大翻车鱼	存活(4 天)	0.40

综上所述,氰化物对鱼类的平均 LC_{50} 为 0.166mg/L,变动范围为 0.076 ~ 0.389mg/L,安全浓度为 0.007mg/L。

五、氰化物对海洋生物影响的小结

在实验条件下,氰化物对虾蟹类的平均 LC_{50} 为 0.103mg/L,变动范围为 0.093 ~ 0.113mg/L,安全浓度为 0.009mg/L。氰化物对贝类的平均 LC_{50} 为 0.134mg/L,变动范围为 0.118 ~ 0.15mg/L,安全浓度为 0.011mg/L。氰化物对鱼类的平均 LC_{50} 为 0.166mg/L,变动范围为 0.076 ~ 0.389mg/L,安全浓度为 0.007mg/L。氰化物对海洋生物的安全浓度为 0.007mg/L。氰化物对海洋生物的毒性效应见表 3-9。

氰化物对海洋生物的毒性效应   表 3-9

种类	LC_{50}/EC_{50}(mg/L)	安全浓度 S_c(mg/L)
虾蟹类	**0.103**	**0.009**
糠虾(Mysidopsis bahia)	0.093 ~ 0.113	
贝类	**0.134**	**0.011**
牡蛎(Crassostrea sp.)	0.15	
贻贝(Mytilus edulis)	0.118	
鱼类	**0.166**	**0.007**
美洲拟鲽(Pseudopleuronectes americanus)	0.372	
大口黑鲈(Micropterus salmoides)	0.101	
黄鲈(Perca flavescens)幼鱼	0.076 ~ 0.108	
黄鲈(Perca flavescens)鱼卵和仔鱼	0.288 ~ 0.389	

28

第四节　丙烯腈对海洋生物的影响

丙烯腈是水环境中的重要污染物,在我国颁布的优先污染物名单中,丙烯腈名列其中。就对哺乳动物的毒性来说,丙烯腈属剧毒。丙烯腈为高挥发性化合物。

蚤类急性毒性实验研究表明,对于丙烯腈,大型蚤的敏感性仅次于草鱼。

丙烯腈在常温常压时是一种无色、可燃烧、易流动的有毒液体。相对密度为0.8,能溶于水,能与甲醇、乙醇、乙醚、丙酮、乙酸乙酯、四氯化碳、石油醚、苯、甲苯等许多有机溶剂以任何比例互溶。丙烯腈能与水、甲醛、苯、四氯化碳等形成共沸混合物,与水形成共沸混合物的共沸点为71℃,含水12.5%(重量)。丙烯腈蒸气略带刺激味,在空气中,丙烯腈体积占3%~17%时,遇火花会发生燃烧和爆炸。丙烯腈由于分子中含有碳二碳双键、氰基和氢原子,因而是一种非常活泼的化合物。纯的丙烯腈在可见光下能自行聚合,因此贮存丙烯腈必须加入阻聚剂,如对苯二酚、氯化亚铜、胺类等。丙烯腈还能与醋酸乙烯、丁二烯、苯乙烯等共聚。

张彤等按照我国颁布的水生生物毒性试验方法对鲤鱼和草鱼进行毒性实验设计,每个实验设5~6个浓度组和一个对照组,实验浓度等对数稀释比均为0.56,每个实验重复一次,最终得出鲤鱼和草鱼96h的LC_{50}分别为19.64mg/L和5.16mg/L,安全浓度为0.0516mg/L。丙烯腈对鲤鱼和草鱼96h半致死浓度LC_{50}见表3-10。

丙烯腈对鲤鱼和草鱼96h半致死浓度LC_{50}　　　　表3-10

种类	LC_{50}/EC_{50} (mg/L)	安全浓度 S_c (mg/L)
鱼类	**5.16**	**0.0516**
鲤鱼	19.64	0.1964
草鱼	5.16	0.0516

第五节　典型特征污染物因子对水生生物毒性影响分析小结

曹妃甸工业区入海排污口工程可能产生的环境污染物主要有石油类、苯、二甲苯、氰化物和丙烯腈等物质,其对水生生态系统的影响具有时间长远、负面效应显著等特征,本节重点研究了上述特征污染物对水生生物的毒理效应。

石油类对虾蟹类的平均LC_{50}为3.35mg/L,变化范围为2.40~4.09mg/L,安全浓度低于0.03mg/L;石油类对鱼类的平均LC_{50}为7.39mg/L,变化范围为5.89~9.12mg/L,对应的安全浓度低于0.07mg/L。因此,石油类对海洋生物的安全浓度为0.03mg/L。

苯对底栖动物的LC_{50}为101.6mg/L,安全浓度为1.01mg/L;苯对鱼类的

LC_{50} 为 16.02mg/L,安全浓度应低于 0.16mg/L。基于苯的毒性和遵循最敏感的原则,苯对水生生物的安全阈值为 0.16mg/L。

二甲苯对虾蟹类的 LC_{50} 为 11.3mg/L,安全浓度为 0.11mg/L;对二甲苯对底栖动物的 LC_{50} 为 20.3mg/L,安全浓度为 0.20mg/L;对二甲苯对鱼类的 LC_{50} 为 29.2mg/L,安全浓度为 0.29mg/L。基于对二甲苯的毒性和遵循最敏感的原则,对二甲苯对水生生物的安全阈值为 0.11mg/L。

浮游植物对氰化物的耐受性相对较强,其对浮游植物的平均 LC_{50} 为 18.65mg/L,变动范围为 7.30~30mg/L,安全浓度为 0.073mg/L。氰化物对虾蟹类的平均 LC_{50} 为 0.064mg/L,变动范围为 0.043~0.113mg/L,安全浓度为 0.009mg/L。氰化物对贝类的平均 LC_{50} 为 0.134mg/L,变动范围为 0.118~0.15mg/L,安全浓度为 0.011mg/L。氰化物对鱼类的平均 LC_{50} 为 0.166mg/L,变动范围为 0.07~0.389mg/L,安全浓度为 0.007mg/L。因此,氰化物对海洋生物的安全浓度为 0.007mg/L。

丙烯腈对鱼类的 LC_{50} 为 5.16mg/L,安全浓度为 0.0516mg/L。根据丙烯腈的毒性和遵循最敏感的原则,丙烯腈对水生生物的安全浓度应低于 0.0516mg/L。典型特征污染物因子对水生生物的急性毒性以及安全浓度见表 3-11。

典型特征污染物因子对水生生物的急性毒性以及安全浓度　　表 3-11

污染物因子	种类	LC_{50}/EC_{50} （mg/L）	安全浓度 S_c（mg/L）	对海洋生物的安全浓度（mg/L）
石油类	虾蟹类	3.35	0.03	0.03
	鱼类	7.39	0.07	
苯	虾蟹类	—	—	0.16
	底栖动物	101.6	1.01	
	鱼类	16.02	0.16	
二甲苯	虾蟹类	11.3	0.11	0.11
	底栖动物	20.3	0.20	
	鱼类	29.2	0.29	
	浮游植物	18.65	0.073	
氰化物	虾蟹类	0.064	0.009	0.007
	贝类	0.134	0.011	
	鱼类	0.166	0.007	
丙烯腈	鱼类	5.16	0.0516	0.0516

第二篇

案例篇

——曹妃甸工业区入海排污口
工程生态承载力分析

第四章 工程概况及工程海域海洋生态（渔业资源）承载力控制因子识别

第一节 曹妃甸工业区入海排污口工程概况

一、工程建设方案

曹妃甸工业区入海排污口工程排海管线以邻近东南海堤的化学产业园区污水处理厂内提升泵站为起点，自登陆点下海后，排污管道沿着北偏南138°方向向东南向延伸约1.3km后通向排污口。排污口位于曹妃甸甸头与老龙沟航道之间的三角形区域的7m等深线外侧。

曹妃甸工业区入海排污口工程设计规模为5.21万 m^3/天，包含排海泵站、陆域排海管线、海域排海管线和扩散器四部分。其中，排海泵站其配套设施占地约350m^2，管道全长1571.8m（包含174.6m陆域管线、58.3m陆域跨堤管线和1338.9m海域管线），扩散器长度58m。

1. 管线路由方案

管线由化学产业园区污水处理厂排海泵站引出，穿越曹妃甸海堤后，沿防波堤下海，终于甸头与老龙沟航道之间拟选的排污扩散器位置。下海点位于距化工园区污水处理厂南侧海堤上。排污管道下海后沿着北偏南138°方向向东南向延伸约1.3km后通向排污口。

2. 陆域管道

陆域管道采用DN1000，壁厚为22mm的Q345钢管（流速 $v=1.04m/s$）。外防腐采用三层聚乙烯防腐涂层，内防腐采用排水管道通用防腐蚀涂料，内防腐等级采用特加强级。

3. 海域管道

海域管道采用DN1000，壁厚为22mm的Q345钢管。管道的外表面选用三层聚乙烯防腐涂层加以保护，内防腐采用排水管道通用防腐蚀涂料，内防腐等级采用特加强级。采用铝-锌-铟系合金作为海底管道的牺牲阳极。

4. 扩散器

扩散管长58m，靠近放流管的14m采用DN1000，壁厚为22mm的Q345钢管;其后5m为1000～600mm的变径管,壁厚为18mm;其后20m采用DN600,壁厚为18mm的Q345钢管;其后5m为600-300mm的变径管,壁厚为18mm;其后14m采用DN300,壁厚为14mm的Q345钢管;扩散管上接15根上升管,上升管采用DN200,壁厚为14mm的Q345钢管。采用重防腐涂层,结合阴极保护的联合保护防腐措施。扩散器结构参数见表4-1。

扩散器结构参数　　　　　　　　　　　　　　　表4-1

扩散管长度	58m
扩散管流量	0.82m³/s(5.21万 m³/天)
单个上升管喷口数	2个
上升管个数	15个
喷口水平方位角	0°
喷口射流角度	0°

5.排海泵站

排海工程采用压力排放方式,因此考虑在化工园区污水处理厂内设置一座排海泵站,选用潜污泵四台(三用一备),近期可先配置两台(两用一备)水泵参数为:流量1120m³/h,扬程16.5m,功率75kW。泵站及其配套设施占地约350m²。

二、工程区自然环境概况

1.气象

(1)气温

根据《唐山市曹妃甸区年鉴》,唐山海域年平均温度11.8℃,冬季季平均气温－3.9℃,春季季平均气温11.1℃,夏季季平均气温25.5℃,秋季季平均气温13.5℃,极端最高温度36.5℃,极端最低温度－15.2℃。

(2)降水

2019年年降水量413mm,比常年偏少156.2mm。冬季季降水量4.3mm,较常年少2.8mm;春季季降水量27.2mm,较常年少52.8mm;夏季季降水量280.9mm,较常年少107.9mm;秋季季降水量98.6mm,较常年多10.3mm。

(3)日照、风和蒸发

2019年年日照时数2440.4h,较常年偏少150.5h,日照百分率为55%。年平均风速2.7m/s,10min最大风速11.5m/s,风向西北偏北;瞬时极大风速17.9m/s,风向西。年蒸发量1634.1mm,较常年偏多82.9mm。

2. 水文

（1）潮位特征值

工程海区潮汐性质属于不规则日潮。年最高高潮位 3.38m，年最低低潮位 0.14m，年平均高潮位 2.47m，年平均低潮位 1.07m，年平均海平面 1.77m，年平均潮差 1.40m，年最大潮差 2.74m。

（2）波浪

该海区常浪向为南向，出现频率为 10.87%，次常浪向为西南向，出现频率为 7.48%。强浪向东北偏北向，该向 $H_{4\%} \geq 1.5m$ 出现频率为 1.63%，次强浪向东北向，$H_{4\%} \geq 1.5m$ 出现频率为 0.97%，观测期间未出现平均周期大于 7.0s 的波浪。

（3）海流

曹妃甸港区海域海区潮流为规则的半日潮流，运动形式呈往复流，其流向与海底地形有关，在浅滩外侧大致与岸线平行；曹妃甸甸头以南的深槽，海流流向呈东西向，工程水域为强流区，深槽范围内平均流速为 55～60cm/s，最大流速可达 140cm/s 以上；观测海区，涨潮流速大于落潮流速，其涨、落潮时段流速比大潮为 1.4:1，小潮为 1.2:1；据南京水利科学研究院潮汐水流物理模型试验研究报告，曹妃甸以北大片浅滩平均水深 1.5m 左右，且部分浅滩低潮时露出水面，流速较小，全潮平均约 20cm/s。

（4）海冰

工程区域滩面开阔，北部浅滩水深浅，水流速度小，易受寒潮影响结冰，初冰日较早，一般在 12 月中下旬，严重冰日在 1 月中旬，融冰日在 2 月中旬，终冰日在 3 月初。从初冰日—终冰日为流冰历时，一般年为 71 天，轻冰年为 54 天，重冰年为 85 天。

初冰日至严重冰日为初冰期，具有显著不稳定性，时而融化、时而发展，冰质较松脆，冰层薄，在风浪的作用下易破碎。

严重冰日至融冰日称盛冰期，历时一个月，是一年中冰情最严重时期。一般年份，曹妃甸海区在盛冰期浅滩的固定冰宽度为 3～5km，流冰厚度一般为 10～20cm，重叠冰厚度可达 30～40cm。

融冰日至终冰日为融冰期，因工程海区滩宽水浅，对于冰情为常年情况，盛冰期很难形成厚度 >25cm 的冰强度较高的大面积平整固定冰，大多为冰质较软的重叠冰。

3. 工程地质

场区勘探深度内的地层为第四系全新统海相沉积层，主要岩性有粉土质砂

（SM）、含砂低液限粉土（MLS）、高液限黏土（CH）。依据地质时代、岩性、分布规律和物理力学性质，并结合海洋工程物探调查结果，将勘探深度内地层分为3个工程地质层或亚层，各层特征分述如下：

①$_1$层：粉土质砂（SM）（Q_4^M）

深灰色、饱和、中密、分选性较好、磨圆度一般，主要矿物有长石、石英、云母，上部含较多贝壳碎屑。原位标准贯入试验锤击数 $N = 14 \sim 50$ 击。

该层广泛分布于场区，ZK1、ZK2、ZK3 孔均未穿透其层底，仅 ZK4 孔穿透其层底，揭露层厚为 8.7m，揭露层底高程为 –17.6m。

①$_2$层：含砂低液限粉土（MLS）（Q_4^M）

深灰色、饱和、软、中等干强度、中等韧性、摇振反应慢、切面稍有光泽、混粉砂颗粒，偶见贝壳碎屑。原位标准贯入试验锤击数 $N = 3$ 击。

该层仅见于 ZK4 孔，以透镜体形式夹于①$_1$层。层厚为 1.8m；层底深度为 5.5m，层底高程为 –14.4m。

②层：高液限黏土（CH）（Q_4^M）

深灰色、饱和、稍硬、高干强度、高韧性、切面光滑、无摇振反应。上部含少量粉砂颗粒及贝壳碎屑。原位标准贯入试验锤击数 $N = 11$ 击。

该层仅 ZK4 孔有揭露，未穿透其层底。揭露层厚为 1.3m，层顶高程为 –17.6m。

4. 地貌

曹妃甸岛附近岸滩具有两个特殊的地形地貌特点，一是岛南紧邻曹妃甸深槽，曹妃甸附近水下岸坡峻陡，30m 等深线距岸仅 400 ~ 500m 左右，25 万吨级以上大型船舶可以从外海直接驶入曹妃甸海域。第二个地貌特点是曹妃甸岛北侧为大片浅滩，滩上 0m 等深线（当地理论最低潮面）面积达 150km²。大片浅滩为曹妃甸开发提供了大量廉价的土地资源。曹妃甸岛这两个独特的地貌特点，也是曹妃甸地区得天独厚的资源优势。

曹妃甸地区为滦河扇形三角洲的前缘砂坝，形成于全新世中期（距今 8000 ~ 3000 年）；后经波浪冲刷作用及沉积物压实作用，逐渐发育有离岸砂坝、贝壳砂堤、潟湖、潮流通道。滨外坝低潮出露，高潮淹没，构成砂坝-潟湖体系。海岸线平缓，潟湖平均水深 1 ~ 2m，最大水深 5 ~ 6m，低潮时潟湖大部分出露，成为潮滩。

海底沉积物平面上类似于现代滦河三角洲的沉积层序。由海向陆为细-粗-细，水深 10 ~ 20m 最细（黏土质粉砂为主，以砂、泥混合、粉砂质砂和砂质粉砂为主），砂坝主体最粗（细砂、中砂），砂坝向内又变细。垂向地层下细（亚黏土）上粗（细砂），为典型的三角洲沉积的底积层和前积层结构，从老到新经历了滨岸环境—河口或近海湖沼环境—浅海、滨岸环境的变化。

本区范围海底地貌类型较复杂，主要有水下三角洲、水下古河道、潮流脊，冲刷槽和冲刷潭等。在曹妃甸外侧是古滦河冲积扇的前缘，为4%坡度的陡坎、水深可达30m；其内侧为淹没的古滦河冲积扇体，上部覆盖海相沉积，水深很小；曹妃甸以南和西南侧水域宽广，水深在25m以上；在潮滩上及左右侧分布有侵蚀凹地和浅凹坑。从曹妃甸至石臼坨西侧为古滦河口，其水下古河道在潮流冲刷作用下，形成潮流侵蚀槽，其宽度平均为1.5km左右，长度17km，最深处水深达22m以上，成为潮流进入内侧沉积区的主要通道。

曹妃甸工业园区所在滩地地形破碎复杂，滩上0m等深线面积达150km²，如同半隐半现的小岛，大潮时淹没，小潮时大片浅滩出露；岸外分布有曹妃甸、腰坨、草木坨、蛤坨、西坑坨、东坑坨和石臼坨等若干砂坝和砂岛构成了沿岸砂堤，距岸数百米至十余公里不等，呈带状分布，并与其内侧水域构成潟湖砂坝体系。使沿岸砂堤内外的水动力条件、地形、地貌特征各有不同。

据此，可把该区划分为四个地貌区：

（1）西部无沿岸砂堤浅海区

位于曹妃甸以西、南堡岸线以外的潮间带及浅海地区，是由宽度达3～4km的高潮坪和窄的低潮坪构成。高潮坪由黏土质粉砂或砂质粉土质粉砂组成。低潮坪以粉砂质砂为主。有数条近南北向的小潮沟发育于高潮坪，穿越低潮坪，直达浅海区在水面以下4m，沙脊高2～3m，宽400～1000m，长度可达20km以上。该砂脊与潮坪之间是一大型潮沟，西北偏北向延伸。长度25km以上，宽度1.5～3.5km，深度可达14m。

（2）东部沿岸砂堤内潮坪区

曹妃甸以东，以曹妃甸至石臼坨一线构成的沿岸砂堤为界，向岸一侧的浅滩为沿岸砂堤内潮坪区，也由高潮坪和低潮坪组成。高潮坪宽约1.5～2.5km。低潮坪宽度更大，位于沿岸砂堤之后，由数个涨潮三角洲形成。最大的一个涨潮三角洲面积约90km²。低潮坪水深约1.0～2.0m。

（3）东部沿岸砂堤外浅海区

曹妃甸以东，沿岸砂堤以外构成沿岸砂堤外浅海区。以5m等深线为界，可划分出近岸浅海区和近海浅海区。近岸浅海区为一个三角形地带，深度多在4m左右，海底相对平坦。近海岸浅海区，坡度变化较大，在水深5～11m等深线间，坡度较陡，形成海底陡坎。

（4）东部大型潮沟区

曹妃甸东北约15～20km处，有两条大型潮沟，渔民分别称为大沟（或"老龙沟")和二沟(或"二龙沟")。大沟由蛤坨北的潟湖发源后,拐为近南北向延伸入海,长达17km,宽1.0~1.5km,深达20m。二沟为一条近东西向的潮沟,长约10km,宽约900m,最大水深14m。

三、排海口位置的确定

1. 排海口位置初选

(1)根据曹妃甸港区平面布局,在甸头和一港池、二港池、三港池,分别布置超大型深水码头、深水码头、次深水码头、中等深水码头,三港池船舶通过老龙沟航道与外海相通,甸头为深水航道,港区南侧水域为锚地和中长期规划锚地;为了避免排污设施穿越航道、影响通港船舶航行安全和锚地船舶停泊安全,排污口不能设置在以上区域,只能设置于甸头与老龙沟航道之间的三角形区域。

(2)根据《污水海洋处置工程污染控制标准》(GB 18486—2001)中排污口水深的要求,扩散器必须设置于水深至少7m的水底。为此,排污口须设置于曹妃甸甸头与老龙沟航道之间的三角形区域的7m等深线外侧。

(3)曹妃甸甸头与老龙沟航道之间的三角形区域中,7m等深线外侧1km范围内即为10m等深线、4km范围内即为20m等深线,为了曹妃甸港区的长远发展,深水区域能够得到深用,排污口设置不应影响该深水区域的深水利用。

(4)在深海管道铺设过程中,扩散器独立于主排放管道,因此为了达到"扩散器必须铺设于水深达7m水底"的要求,除主管道埋设深度外,还需要考虑扩散器上升管的高度。

鉴于上述理由,将初选排污口设置于7m等深线外侧、10m等深线以北,该区域东西长约10km,沿线水动力条件也不尽相同,为了对排污口进行合理选划,自西向东依次布置①~⑥六个拟选排污口。拟选排污口均位于《河北省近岸海域环境功能区划》中的海洋开发作业区(HB023D Ⅳ),该功能为四类环境功能区,执行不低于四类的海水水质标准;另外根据《河北省海洋功能区划(2011—2020年)》,拟选排污口位于海洋功能区划划定的"曹妃甸港口航运区2-6",由于拟选排污口不在曹妃甸航道和锚地区内,根据《河北省海洋功能区划(2011—2020年)》中环境管理要求"航道、锚地区执行不劣于三类海水水质质量标准、不劣于二类海洋沉积物和海洋生物质量标准,其他港用水域执行不劣于二类海水水质质量标准、一类海洋沉积物和海洋生物质量标准",因此拟选排污口周边执行的海水水质标准为二类海水水质质量标准;拟选排污口距岸线距离及水动力情况见表4-2。

拟选排污口位置、水动力特征　　　　　　　　　　　表4-2

拟选排污口	距岸线距离（km）	排污管长度（km）	大潮平均流速（m/s）	小潮平均流速（m/s）
①	0.37	5.9	0.42	0.36
②	0.88	4.1	0.45	0.39
③	1.37	1.37	0.37	0.32
④	2.03	3.5	0.34	0.33
⑤	3.42	5.8	0.35	0.34
⑥	5.33	8.2	0.37	0.36

2. 排污口物质迁移轨迹计算

对上述六个拟选排污口物质迁移轨迹（24h）进行计算，具体迁移轨迹影响跨度见表4-3，涨潮起24h物质迁移轨迹见图4-1、落潮起24h物质迁移轨迹见图4-2；从计算情况来看，只有拟选排污口⑥的涨潮物质迁移轨迹趋向近岸并有停留趋势，其他情况均为往复向西迁移趋势，迁移轨迹影响跨度较大，尽管不能说明排污可能对水环境的具体影响情况，但说明各拟选排污口排污时污染物均能够有效扩散。

排污口物质迁移轨迹影响跨度　　　　　　　　　　表4-3

拟选排污口	迁移轨迹影响跨度（涨潮起）（km）	迁移轨迹影响跨度（落潮起）（km）
①	9.8	15.0
②	12.3	15.9
③	13.0	13.5
④	14.6	12.4
⑤	15.8	11.7
⑥	13.4	10.5

3. 排污口选划分析

(1) 从污染物扩散对海水水质影响角度分析

为了分析达标尾水中污染物对水环境的影响大小，在此，设置以下一系列参量来进行分析：

环境容余浓度：即排污海域海水水质标准浓度限值与现状浓度的差，表示排污海域水质达到水质功能区划标准浓度所允许容纳污染物浓度的余量（环境容余浓度＝海水水质标准浓度－现状浓度）。

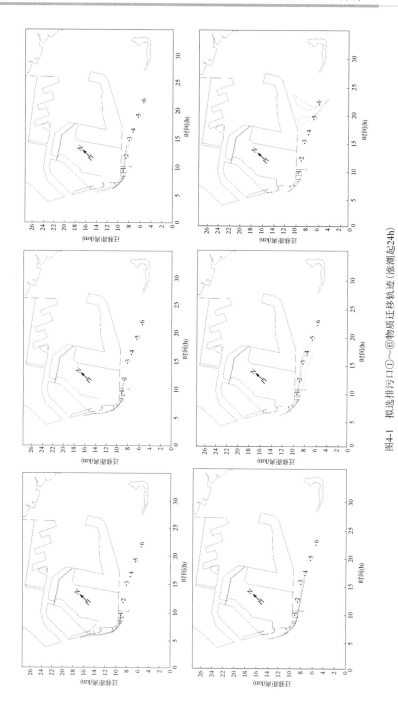

图4-1　拟选排污口①~⑥物质迁移轨迹(涨潮起24h)

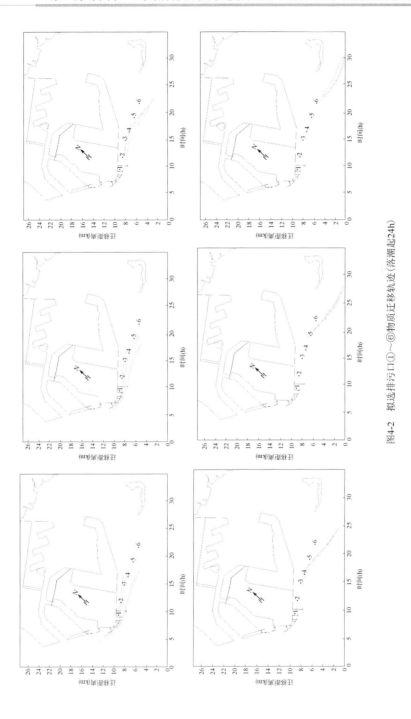

图4-2　拟选排污口①～⑥物质迁移轨迹（落潮起24h）

水质影响系数:即污染物排放浓度与环境容余浓度之比,表示同一个排放量的达标尾水中不同浓度的污染物对该海域所允许容纳同一污染物的浓度余量的影响无量纲数(水质影响系数 = 排放浓度/环境容余浓度)。

根据近岸海域环境功能区划,排污口选划所处海域执行四类海水水质标准,达标尾水排放中各污染物水质影响系数从大到小的污染因子依次为:无机氮、钒、丙烯腈、活性磷酸盐、铜、苯、挥发酚、COD$_{Mn}$、石油类等(表4-4)。

达标尾水中污染因子对水环境的影响能力比较表(四类标准)　表4-4

污染因子	现状浓度 (mg/L)	四类海水水质标准浓度 (mg/L)	排放浓度 (mg/L)	环境容余浓度 (mg/L)	水质影响系数	影响大小排序
无机氮	0.194	0.5	15[1]	0.306	49.02	1
钒	未检出	0.05[2]	1	0.05	20.00	2
丙烯腈	未检出	0.1[2]	2	0.1	20.00	3
活性磷酸盐	0.0065	0.045	0.5	0.0385	12.99	4
铜	0.00209	0.05	0.5	0.04791	10.44	5
苯	0.00012	0.01[2]	0.1	0.01	10.00	6
挥发酚	未检出	0.05	0.3	0.05	6.00	7
COD$_{Mn}$	1.3	5	16.67[1]	3.7	4.51	8
镍	未检出	0.02[2]	0.05	0.02	2.50	9
石油类	0.0195	0.5	1	0.4805	2.08	10
硫化物	未检出	0.25	0.5	0.25	2.00	11
总氰化物	未检出	0.2	0.3	0.2	1.50	12
二甲苯	未检出	0.5[2]	0.2[1]	0.5	0.40	13

注:1.COD$_{cr}$ 与 COD$_{Mn}$ 比值通常为 3～8,在此以最保守的 3 进行换算;工业废水中总氮大部分为无机氮,因此为了保守计算无机氮的影响情况,预测中无机氮排放量以 15mg/L 计算;二甲苯排放浓度参考邻-二甲苯、间-二甲苯、对-二甲苯的排放浓度。

2.苯、二甲苯、丙烯腈、镍和钒的水质标准浓度参考《地表水环境质量标准》(GB 3838—2002)中"集中式生活饮用水地表水源地特定项目限值标准"。

根据河北省海洋功能区划,排污口选划所处海域执行二类海水水质标准,达标尾水排放中各污染物水质影响系数从大到小的污染因子依次为:无机氮、铜、氰化物、挥发酚、石油类、活性磷酸盐、钒等(表4-5)。

达标尾水中污染因子对水环境的影响能力比较表（二类标准）　　表4-5

污染因子	现状浓度（mg/L）	二类海水水质标准浓度（mg/L）	排放浓度（mg/L）	环境容余浓度（mg/L）	水质影响系数	影响大小排序
无机氮	0.194	0.3	15[1]	0.106	99.06	1
铜	0.00209	0.01	0.5	0.00791	63.21	2
总氰化物	未检出	0.005	0.3	0.005	60.00	3
挥发酚	未检出	0.005	0.3	0.005	60.00	4
石油类	0.0195	0.05	1	0.0305	32.79	5
活性磷酸盐	0.0065	0.03	0.5	0.0235	21.28	6
钒	未检出	0.05[2]	1	0.05	20.00	7
丙烯腈	未检出	0.1[2]	2	0.1	20.00	8
苯	0.00012	0.01[2]	0.1	0.01	10.00	9
硫化物	未检出	0.05	0.5	0.05	10.00	10
COD_{Mn}	1.3	3	16.67[1]	1.7	9.81	11
镍	未检出	0.02[2]	0.05	0.02	2.50	12
二甲苯	未检出	0.5[2]	0.2[1]	0.5	0.40	13

注:1. COD_{cr} 与 COD_{Mn} 比值通常为3~8,在此以最保守的3进行换算;工业废水中总氮大部分为无机
　　氮,因此为了保守计算无机氮的影响情况,预测中无机氮排放量以15mg/L计算;二甲苯排放浓
　　度参考邻-二甲苯、间-二甲苯、对-二甲苯的排放浓度。
　2. 苯、二甲苯、丙烯腈、镍和钒的水质标准浓度参考《地表水环境质量标准》（GB 3838—2002）中
　　"集中式生活饮用水地表水源地特定项目限值标准"。

由此可见,无机氮的影响范围最大。

预测结果显示:

拟选排污口所排放的无机氮经海水稀释、扩散,并叠加本底值（0.194mg/L）后,无机氮无超过四类海水水质标准（四类标准限值为0.5mg/L）的区域,符合《河北省近岸海域环境功能区划》对该区域水质的要求。

根据《河北省海洋功能区划（2011—2020年）》,拟选排污口所在水域执行标准为二类海水水质标准（无机氮标准限值为0.3mg/L）。通过预测并叠加本底值后,各排污口排放的无机氮将超过二类海水水质标准的要求,其中①排污口浓度大于0.3mg/L的影响面积为6.16hm²;②排污口浓度大于0.3mg/L的影响面积为10.24hm²;③排污口浓度大于0.3mg/L的影响面积为11.72hm²;④排污口浓度大于0.3mg/L的影响面积为35.76hm²;⑤排污口浓度大于0.3mg/L的

影响面积为 18.39hm²;⑥排污口浓度大于 0.3mg/L 的影响面积为 8.21hm²。为了控制排污口排放的无机氮经海水稀释扩散后达到周围海域环境质量标准要求(《河北省海洋功能区划(2011—2020 年)》对该区域水质要求为二类海水水质标准的要求),应对超过标准的区域划定混合区。

所有排污口所排放的无机氮的影响范围均不会超过《污水海洋处置工程污染控制标准》中 3km² 的要求;除无机氮外,其他各因子排放后,在海水的稀释扩散作用下均不会超过四类海水水质标准限值,也不会超过二类海水水质标准限值的要求。由于拟选排污口海域潮流动力及水体均具有连续性,这 6 个拟选排污口所在的连线区域,从水环境可接受的角度来说,均可作为污水排放口设置的备选方案。

(2)从经济比选角度分析

排污管长短将直接决定项目投资,从拟选排污口离岸距离以及工程造价对比分析表(表 4-6)可知,虽然①排污口离岸较近,该排污口距污水处理厂相对较远,因此工程造价较高,③排污口虽然离岸不是最近的拟选方案,但由于管线路由相对简单,距离较短,总投资较少。

拟选排污口经济比选分析　　　　　　　　　　表 4-6

拟选排污口	污染物影响范围排序	离岸距离	工程造价
①	6	1	5
②	1	2	3
③	2	3	1
④	4	4	2
⑤	5	5	4
⑥	3	6	6

(3)从距环境敏感目标角度分析

根据《河北省海洋功能区划(2011—2020 年)》,拟选排污口附近分布有农渔业区和龙岛旅游休闲娱乐区等,根据各拟选排口与周边环境敏感目标的位置关系可以看出,③和④拟选排污口相对于其他排口而言距周边环境敏感目标相对较远,与各敏感目标间存在较长的缓冲距离。

为了分析各排污口方案的污染物扩散能力、环境敏感目标影响分析和工程造价情况,图 4-3 给出了污染物(无机氮)浓度影响情况以及工程造价和离岸距离的关系图,图中各因子均通过标准化方法进行处理。从图可以看出,④排污口污染物扩散影响范围较大;⑥排污口离岸距离最远及工程造价最高;①、②排污口虽然离岸距离较近,但投资较高,且位于现状码头群内对通航安全会产生不利影响,且与其他拟选排污口相比,①②排污口距离农渔业区相对较近;同样⑤和⑥排污口距离龙岛旅游休闲娱乐区相对较近。

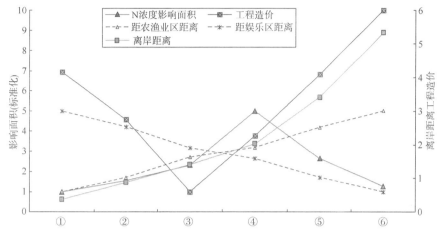

图4-3　污染物扩散能力、排污口离岸距离的关系

（4）小结

通过曲线对比,并综合考虑污染物扩散能力、与环境敏感目标的缓冲距离和工程造价等条件,可见③排污口方案将在污染物扩散能力、对周边的影响及工程造价上达到最优,且③排污口方案距环境敏感目标也相对较远（距曹妃甸至涧河口农渔业区约11.0km,距京唐港至曹妃甸农渔业区约11.3km,距龙岛旅游休闲娱乐区约12.1km）,因此将③排污口方案作为离岸排口推荐方案。

第二节　工程建设海洋生态（渔业资源）承载力控制因子识别

一、本工程污染物排放情况

曹妃甸工业区入海排污口工程深海排放水量为5.21万 m^3/天,排放的主要为曹妃甸化工园区污水处理厂排放的污水。排海管道污染物排海浓度执行《城镇污水处理厂污染物排放标准》（GB 18918—2002）一级A中各类污染物最高允许排放浓度的限值,对于其他特征因子,参考《石油炼制工业污染物排放标准》（GB 31570—2015）和《石油化学工业污染物排放标准》（GB 31571—2015）中直接排放水污染物特别限值标准,标准限值见表4-7。

排海工程尾水控制因子浓度限值表　　　　表4-7

污染物	最高允许排放浓度（mg/L）	污染物	最高允许排放浓度（mg/L）
化学需氧量（CODcr）	50	锌	1.0
铜	0.5	镍	0.05
悬浮物（SS）	10	铬	0.1
石油类	1	镉	0.01
总氮	15	苯	0.1
总磷（2006年1月1日起建设的）	0.5	邻-二甲苯	0.2①
挥发酚	0.3②	间-二甲苯	0.2①
总氰化物	0.3②	对-二甲苯	0.2①
铅	0.1	硫化物	0.5②
砷	0.1	丙烯腈	2
汞	0.001	钒	1②

注：①参考《石油炼制工业污染物排放标准》（GB 31570—2015）；
　　②参考《石油化学工业污染物排放标准》（GB 31571—2015）。

二、本工程海洋生态承载力控制因子

1. 控制性因子筛选原则

依据以上工程分析，项目运营期间，海域主要污染物为规划的化工园区污水处理厂排放的污水。曹妃甸工业区入海排污口工程排放污水中影响程度较强的环境污染物因子主要有石油类、苯、二甲苯、氰化物和丙烯腈，其对水生生态系统的影响具有时间长远、负面效应显著等特征，本节重点研究上述特征污染物对渔业资源的影响。

2. 控制因子排放源强

曹妃甸工业区入海排污口工程深海排放水量为 5.21 万 m³/天，根据控制因子浓度限制，营运期各污染因子的排放源强计算结果见表4-8。

污染因子排放源强　　　　表4-8

序号	污染物	排放浓度（mg/L）	排放源强（g/s）
1	石油类	1.0	0.603
2	丙烯腈	2.0	1.21
3	氰化物	0.3	0.181
4	二甲苯	0.2	0.121
5	苯	0.1	0.0603

第五章　工程海域环境质量和生态现状与制约因子分析

第一节　工程海域环境质量现状数据简介

一、工程海域跟踪监测数据

为分析曹妃甸工业区入海排污口工程海域环境质量进行趋势,本章收集了该海域 2017—2022 年春、秋共 9 次调查资料,监测单位均为国家海洋局秦皇岛海洋环境监测中心站,监测时间、数据来源等信息见表 5-1。

环境质量现状调查资料列表　　　　　　　　　　　　表 5-1

季节	监测时间	数据来源	调查项目和站位数量					
			水质	沉积物	海洋生态	游泳动物	鱼卵仔鱼	生物体质量
春季	2017.05	曹妃甸新区海洋工程建设周边海域海洋环境现状监测报告(2017)专字 12 号	27	14	14	12	12	12
	2018.05	曹妃甸石化产业基地项目海域现状监测报告(2018)专字 018 号	35	23	23	20	20	19
	2020.05	曹妃甸石化产业基地项目海域现状监测报告(2020)专字 8 号	39	21	21	19	19	19
	2021.05	2021 年春季曹妃甸石化产业基地项目海域现状监测报告	39	21	21	19	19	19
	2022.05	2022 年春季曹妃甸石化产业基地项目海域现状监测报告	39	21	21	19	19	19
秋季	2018.09	曹妃甸石化产业基地项目海域现状监测报告(2018)专字 021 号	35	23	23	20	20	19
	2019.10	曹妃甸石化产业基地项目海域现状监测报告(2020)专字 1 号	39	21	21	19	19	19

续上表

季节	监测时间	数据来源	调查项目和站位数量					
			水质	沉积物	海洋生态	游泳动物	鱼卵仔鱼	生物体质量
秋季	2020.10	2020 年秋季曹妃甸石化产业基地项目海域现状监测报告	39	21	21	19	19	19
	2021.11	2021 年秋季曹妃甸石化产业基地项目海域现状监测报告	39	21	21	19	19	19

二、国控点监测数据

本章还收集了海水水质监测信息公开系统中 2017—2022 年春、夏、秋共 17 航次的调查资料,监测因子本次重点关注 COD、无机氮、活性磷酸盐和石油类。

第二节　海水水质环境制约因子分析

一、工程海域近年海水水质跟踪监测数据趋势分析

1. 各航次水质现状总体评价

对各航次调查中常规因子化学需氧量(COD)、无机氮(DIN)、磷酸盐、石油类、铜、锌、铅、镉、汞、砷和铬共 11 个指标均做出了相应的评价,曹妃甸海域各项指标的范围和超标率见表 5-2。

各航次水质调查因子超标率情况对比表　　　　表 5-2

指标	年份	月份	季节	样本	最小值	最大值	平均值	超标率(%)			
								一类	二类	三类	四类
COD(mg/L)	2017	5	春季	27	0.88	1.88	1.14	0	0	0	0
	2018	5	春季	35	0.95	2.16	1.37	5.9	0	0	0
	2018	9	秋季	35	1.07	2.09	1.40	5.7	0	0	0
	2019	10	秋季	39	0.92	1.82	1.30	0	0	0	0
	2020	5	春季	39	0.87	2.19	1.45	2.6	0	0	0
	2020	10	秋季	39	0.94	2.71	1.48	5.1	0	0	0
	2021	5	春季	39	0.96	2.02	1.33	2.6	0	0	0
	2021	11	秋季	39	0.85	1.63	1.18	0	0	0	0
	2022	5	春季	39	0.40	1.88	1.23	0	0	0	0

续上表

指标	年份	月份	季节	样本	最小值	最大值	平均值	超标率(%)			
								一类	二类	三类	四类
无机氮 （mg/L）	2017	5	春季	27	0.106	0.182	0.140	0	0	0	0
	2018	5	春季	35	0.093	0.409	0.222	48.6	22.9	8.6	0
	2018	9	秋季	35	0.102	0.297	0.188	48.6	0	0	0
	2019	10	秋季	39	0.126	0.533	0.227	48.7	17.9	7.7	2.6
	2020	5	春季	39	0.101	0.227	0.154	10.3	0	0	0
	2020	10	秋季	39	0.098	0.259	0.198	66.7	0	0	0
	2021	5	春季	39	0.059	0.271	0.172	38.5	0	0	0
	2021	11	秋季	39	0.095	0.206	0.147	2.6	0	0	0
	2022	5	春季	39	0.027	0.160	0.094	0	0	0	0
活性磷酸盐 （mg/L）	2017	5	春季	27	0.0027	0.0095	0.0052	0	0	0	0
	2018	5	春季	35	0.0024	0.0265	0.0099	22.9	0	0	0
	2018	9	秋季	35	0.0019	0.0295	0.0118	37.1	0	0	0
	2019	10	秋季	39	0.0025	0.0258	0.0121	30.8	0	0	0
	2020	5	春季	39	0.0022	0.0224	0.0079	5.1	0	0	0
	2020	10	秋季	39	0.0032	0.0259	0.0133	35.9	0	0	0
	2021	5	春季	39	0.0004	0.0139	0.0054	0	0	0	0
	2021	11	秋季	39	0.0016	0.0267	0.0103	28.2	0	0	0
	2022	5	春季	39	0.0025	0.0110	0.0048	0	0	0	0
石油类 （mg/L）	2017	5	春季	27	0.015	0.029	0.022	0	0	0	0
	2018	5	春季	35	0.012	0.028	0.018	0	0	0	0
	2018	9	秋季	35	0.015	0.028	0.019	0	0	0	0
	2019	10	秋季	39	0.016	0.024	0.020	0	0	0	0
	2020	5	春季	39	0.015	0.025	0.020	0	0	0	0
	2020	10	秋季	39	0.017	0.024	0.020	0	0	0	0
	2021	5	春季	39	0.015	0.033	0.021	0	0	0	0
	2021	11	秋季	39	0.014	0.029	0.020	0	0	0	0
	2022	5	春季	39	0.004	0.043	0.019	0	0	0	0

指标	年份	月份	季节	样本	最小值	最大值	平均值	超标率(%)			
								一类	二类	三类	四类
Cu(μg/L)	2017	5	春季	27	0.84	2.49	1.83	0	0	0	0
	2018	5	春季	35	0.75	1.62	1.09	0	0	0	0
	2018	9	秋季	35	0.43	1.50	0.97	0	0	0	0
	2019	10	秋季	39	0.60	2.07	1.37	0	0	0	0
	2020	5	春季	39	0.93	3.96	3.05	0	0	0	0
	2020	10	秋季	39	0.60	3.40	1.49	0	0	0	0
	2021	5	春季	39	1.01	2.99	2.08	0	0	0	0
	2021	11	秋季	39	2.08	4.45	3.29	0	0	0	0
	2022	5	春季	39	0.90	3.30	1.42	0	0	0	0
Zn(μg/L)	2017	5	春季	27	0.023	0.039	0.032	100	0	0	0
	2018	5	春季	35	6.97	73.4	20.41	25.7	5.7	0	0
	2018	9	秋季	35	12.6	23.6	18.97	48.6	0	0	0
	2019	10	秋季	39	8.16	19.9	13.78	0	0	0	0
	2020	5	春季	39	4.34	30.4	16.43	23.1	0	0	0
	2020	10	秋季	39	1.40	7.5	3.04	0	0	0	0
	2021	5	春季	39	12.2	19.9	16.14	0	0	0	0
	2021	11	秋季	39	11.5	14.1	13.0	0	0	0	0
	2022	5	春季	39	8.4	16.7	13.3	0	0	0	0
Pb(μg/L)	2017	5	春季	27	0.408	1.09	0.728	11.1	0	0	0
	2018	5	春季	35	0.157	1.92	0.322	2.9	0	0	0
	2018	9	秋季	35	0.703	2.28	1.367	71.4	0	0	0
	2019	10	秋季	39	0.308	0.569	0.435	0	0	0	0
	2020	5	春季	39	0.159	3.74	0.832	15.4	0	0	0
	2020	10	秋季	39	ND	0.9	0.675	0	0	0	0
	2021	5	春季	39	0.611	0.894	0.745	0	0	0	0
	2021	11	秋季	39	0.046	0.681	0.270	0	0	0	0
	2022	5	春季	39	0.110	0.840	0.427	0	0	0	0

续上表

指标	年份	月份	季节	样本	最小值	最大值	平均值	超标率（%）			
								一类	二类	三类	四类
Cd（μg/L）	2017	5	春季	27	0.065	0.0997	0.082	0	0	0	0
	2018	5	春季	35	0.097	0.418	0.198	0	0	0	0
	2018	9	秋季	35	0.083	0.239	0.152	0	0	0	0
	2019	10	秋季	39	0.070	0.149	0.108	0	0	0	0
	2020	5	春季	39	0.011	0.930	0.191	0	0	0	0
	2020	10	秋季	39	ND	0.250	0.140	0	0	0	0
	2021	5	春季	39	0.081	0.150	0.118	0	0	0	0
	2021	11	秋季	39	0.030	0.090	0.064	0	0	0	0
	2022	5	春季	39	0.050	0.200	0.098	0	0	0	0
Cr（μg/L）	2017	5	春季	27	0.186	1.21	0.717	0	0	0	0
	2018	5	春季	35	0.651	4.31	1.188	0	0	0	0
	2018	9	秋季	35	0.300	0.735	0.511	0	0	0	0
	2019	10	秋季	39	0.380	1.15	0.801	0	0	0	0
	2020	5	春季	39	0.062	1.72	0.921	0	0	0	0
	2020	10	秋季	39	ND	0.5	0.5	0	0	0	0
	2021	5	春季	39	0.516	0.998	0.750	0	0	0	0
	2021	11	秋季	39	ND	ND	ND	0	0	0	0
	2022	5	春季	39	ND	ND	ND	0	0	0	0
Hg（μg/L）	2017	5	春季	27	0.0082	0.082	0.038	22.2	0	0	0
	2018	5	春季	35	ND	0.048	0.025	0	0	0	0
	2018	9	秋季	35	0.012	0.051	0.024	3.6	0	0	0
	2019	10	秋季	39	0.010	0.024	0.018	0	0	0	0
	2020	5	春季	39	ND	0.044	0.016	0	0	0	0
	2020	10	秋季	39	ND	ND	ND	0	0	0	0
	2021	5	春季	39	ND	0.048	0.020	0	0	0	0
	2021	11	秋季	39	0.017	0.036	0.026	0	0	0	0
	2022	5	春季	39	0.011	0.069	0.031	7.9	0	0	0

指标	年份	月份	季节	样本	最小值	最大值	平均值	超标率(%)			
								一类	二类	三类	四类
As(μg/L)	2017	5	春季	27	0.942	2.100	1.566	0	0	0	0
	2018	5	春季	35	0.972	2.490	1.859	0	0	0	0
	2018	9	秋季	35	1.22	2.50	1.806	0	0	0	0
	2019	10	秋季	39	0.802	1.49	1.128	0	0	0	0
	2020	5	春季	39	0.957	1.26	1.111	0	0	0	0
	2020	10	秋季	39	1.20	3.30	1.779	0	0	0	0
	2021	5	春季	39	0.235	1.90	1.052	0	0	0	0
	2021	11	秋季	39	1.43	2.83	2.161	0	0	0	0
	2022	5	春季	39	0.838	1.40	1.05	0	0	0	0

注:"ND"表示未检出。

另外各航次特征污染物调查结果中,大多数特征污染因子(氰化物、苯、对-二甲苯、间-二甲苯、邻二甲苯、丙烯腈)浓度未达到检出限,仅个别因子(镍、多环芳烃)偶有检出,浓度水平较低,本评价不再对其进行趋势分析。

由表 5-2 可以看出,调查海域各航次出现超标的主要因子为 COD、无机氮、活性磷酸盐、锌、铅和汞。

2. 趋势分析

为了反映监测数据分散情况,本节采用 Tableau 软件将监测数据绘制成箱形图,图中按调查时间分列,每一次调查数据均降序排列,并在图中标示出最大值、最小值、中位数(总监测数 50% 的数据值)、第一四分位数(总监测数 25% 的数据值)和第三四分位数(总监测数 75% 的数据值),连接两个四分位数画出箱子,再将最大值和最小值与箱子相连接,中位数在箱子中间。

(1)COD

2017—2022 年海水中 COD 含量变化趋势见图 5-1,从图中分析可知:

春季调查海域 COD 含量整体呈现为先升高后降低的变化趋势,COD 含量最高值出现在 2020 年。2017 年和 2022 年春季,COD 含量均满足一类海水水质标准的要求,2018 年、2020 年和 2021 年春季,COD 含量在个别站位超出一类水质标准的要求,其中 2018 年有 2 个站位、2020 年有 1 个站位、2022 年有 1 个站位超一类标准,但均满足二类水质标准。

秋季调查海域 COD 含量波状起伏,但整体略呈下降趋势,COD 含量最高值出现在 2020 年。2019 年和 2021 年秋季,COD 含量均满足一类海水水质标准的要求,2018 年和 2021 年秋季,COD 含量分别在 2 个站位超出一类水质标准的要求,但均满足二类水质标准。

2017—2022 年春、秋两季 COD 含量大体相当,季节变化不明显。

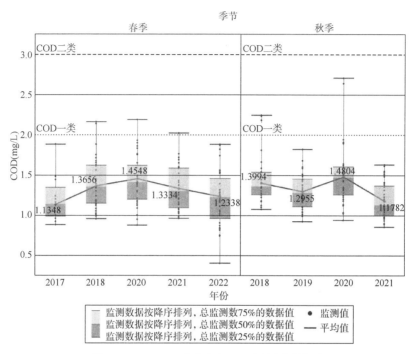

图 5-1　2017—2022 年海水中 COD 含量变化趋势图

（2）无机氮

2017—2022 年海水中无机氮含量变化趋势见图 5-2,从图中分析可知:

春季调查海域无机氮含量整体呈现为先升高后降低的变化趋势,无机氮含量最高值出现在 2018 年。2017 年和 2022 年春季无机氮含量均满足一类海水水质标准的要求;2018 年、2020 年和 2021 年,无机氮含量超出一类水质标准,其中 2018 年无机氮含量最大值超出三类水质标准,但约 75% 的监测数据值满足二类水质标准;2020 年和 2021 年无机氮含量均满足二类水质标准的要求。

秋季调查海域无机氮含量整体呈现为先升高后降低的变化趋势,无机氮含量最高值出现在 2019 年。2018—2021 年的 4 个秋季调查航次,无机氮含量最大值均超出一类水质标准;2018 年、2020 年和 2021 年,无机氮量均满足二类水质标准;2019 年无机氮含量有 1 个站位超出四类水质标准,部分站位超出三类水质标准,>75%的监测数据值满足二类水质标准。

秋季无机氮含量略大于春季含量。

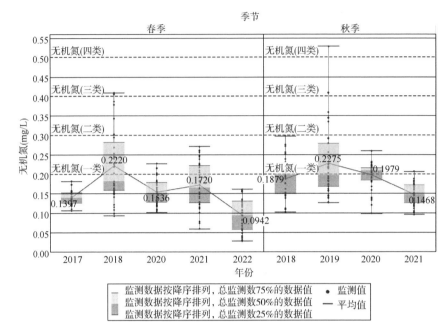

图 5-2　2017—2022 年海水中无机氮含量变化趋势图

（3）活性磷酸盐

2017—2022 年海水中活性磷酸盐含量变化趋势见图 5-3,从图中分析可知:春季调查海域活性磷酸盐含量整体呈现为先升高后降低的变化趋势,活性磷酸盐最高值出现在 2018 年。2017 年、2021 和 2022 年,活性磷酸盐含量均满足一类海水水质标准的要求;2018 年和 2020 年,活性磷酸盐含量超出一类水质标准,均满足二类、三类水质标准。

秋季调查海域活性磷酸盐含量均值整体呈现为先升高后降低的变化趋势,活性磷酸盐含量最高值出现在 2018 年。2018—2021 年的 4 个秋季调查航次活性磷酸盐含量最大值均超出一类水质标准,但均满足二类水质标准。

秋季活性磷酸盐含量大于春季含量。

（4）石油类

2017—2022 年海水中石油类含量变化趋势见图 5-4,从图中分析可知:

春季调查海域石油类含量变化趋势不明显,石油类含量最高值出现在 2022 年。2017—2022 年春季各航次石油类含量均满足一类海水水质标准的要求。

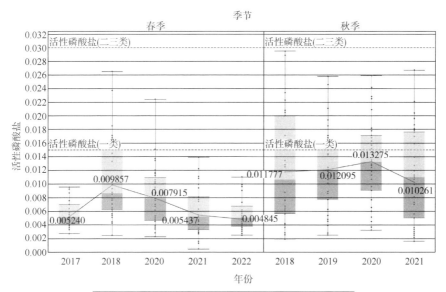

图 5-3　2017—2022 年海水中活性磷酸盐含量变化趋势图

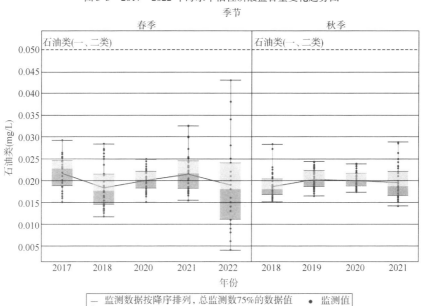

图 5-4　2017—2022 年海水中石油类含量变化趋势图

秋季调查海域石油类含量均值整体呈现为先升高后降低的变化趋势,石油类含量最高值出现在 2021 年。2018—2021 年的 4 个秋季调查航次石油类含量均满足一类水质标准的要求。

春、秋季石油类含量大体相当,无明显季节变化。

(5)铜

2017—2022 年海水中铜含量变化趋势见图 5-5,从图中分析可知:

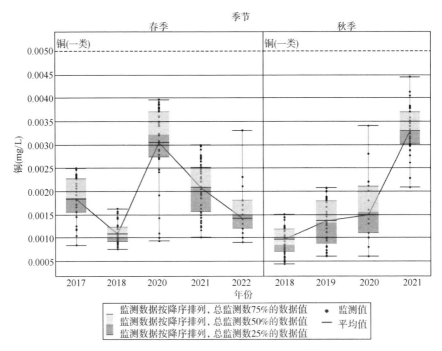

图 5-5　2017—2022 年海水中铜含量变化趋势图

春季调查海域铜含量波状起伏,铜含量最高值出现在 2020 年。2017—2022 年春季各航次铜含量均满足一类海水水质标准的要求。

秋季调查海域铜含量均值整体呈现为逐年升高的变化趋势,铜含量最高值出现在 2021 年,但 4 个秋季调查航次的铜含量均满足一类水质标准。

春、秋季铜含量大体相当,无明显季节变化。

(6)锌

2017—2022 年海水中铅含量变化趋势见图 5-6,从图中分析可知:

春季调查海域锌含量均值整体呈逐渐下降的变化趋势,锌含量最高值出现在 2018 年。2021 年和 2022 年春季,锌含量均满足一类海水水质标准的要求;

2017 年、2018 年和 2020 年,锌含量超出一类水质标准,2017 年和 2020 年满足二类水质标准,2018 年锌含量在两个站位超出二类水质标准,满足三类水质标注。

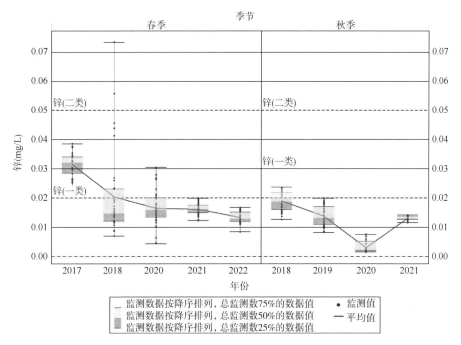

图 5-6 2017—2022 年海水中锌含量变化趋势图

秋季调查海域锌含量整体呈现为先下降后升高的变化趋势,锌含量最高值出现在 2018 年。2018 年锌含量部分超出一类水质标准,2019—2021 年三个调查航次均满足一类水质标准。

调查海域锌含量春季略高于秋季。

(7)铅

2017—2022 年海水中铅含量变化趋势见图 5-7,从图中分析可知:

春季调查海域铅含量波状起伏,铅含量最高值出现在 2020 年。2021 年和 2022 年春季,铅含量均满足一类海水水质标准的要求;2017 年、2018 年和 2020 年,铅含量超出一类水质标准,但均满足二类水质标准。

秋季调查海域铅含量整体呈现为波状下降变化趋势,铅含量最高值出现在 2018 年,75% 的站位监测值超出一类水质标准,但满足二类水质标准。2019—2021 年秋季调查航次铅含量均满足一类水质标准。

春、秋季铅含量大体相当,无明显季节变化。

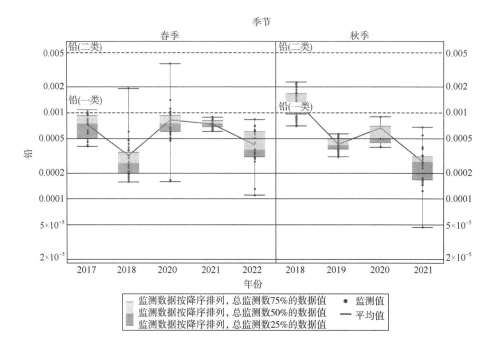

图 5-7　2017—2022 年海水中铅含量变化趋势图

（8）镉

2017—2022 年海水中镉含量变化趋势见图 5-8,从图中分析可知:

春季调查海域镉含量整体呈现为先升高后降低的变化趋势,镉含量最高值出现在 2020 年。2017—2022 年春季 5 个调查航次镉含量均满足一类海水水质标准的要求。

秋季调查海域镉含量整体呈现为波状下降的变化趋势,镉含量最高值出现在 2020 年。2018—2021 年秋季各调查航次镉含量均满足一类水质标准。

春、秋季镉含量大体相当,无明显季节变化。

（9）汞

2017—2022 年海水中汞含量变化趋势见图 5-9,从图中分析可知:

春季调查海域汞含量整体呈现为先下降后升高的变化趋势,汞含量最高值出现在 2017 年。2018 年和 2021 年春季,汞含量均满足一类海水水质标准的要求;2017 年部分站位汞含量超出一类水质标准(约 75% 的监测数据值满足一类标准),但满足二类标准的要求;2022 年汞含量在 3 个站位超出一类水质标准,但满足二类水质标准。

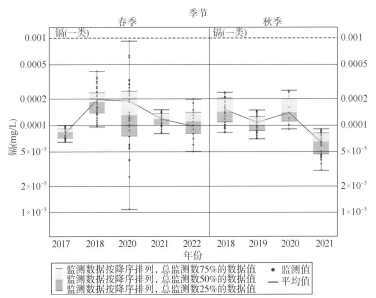

图 5-8　2017—2022 年海水中镉含量变化趋势图

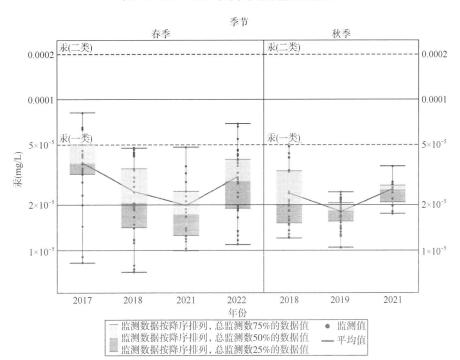

图 5-9　2017—2022 年海水中汞含量变化趋势图

秋季调查海域汞含量整体呈现为先下降后升高的变化趋势,汞含量最高值出现在 2018 年。2018 年秋季汞含量仅在 1 个站位超出一类水质标准,满足二类水质标准;2019 年和 2021 年调查航次均满足一类水质标准。

春、秋季汞含量大体相当,无明显季节变化。

（10）砷

2017—2022 年海水中砷含量变化趋势见图 5-10,从图中分析可知:

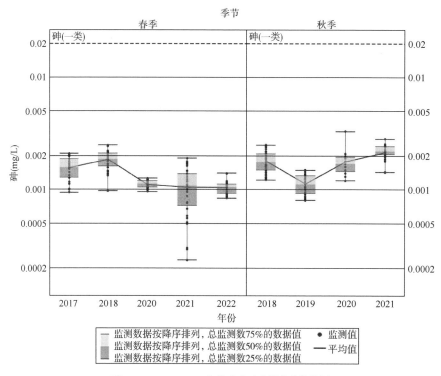

图 5-10　2017—2022 年海水中砷含量变化趋势图

春季调查海域砷含量整体呈现为先升高后降低的变化趋势,砷含量最高值出现在 2018 年。2017—2022 年春季 5 个调查航次砷含量均满足一类海水水质标准的要求。

秋季调查海域砷含量均值整体呈现为先下降后升高的变化趋势,砷含量最高值出现在 2020 年。2018—2021 年秋季各调查航次砷含量均满足一类水质标准。

春、秋季砷含量大体相当,无明显季节变化。

（11）铬

2017—2020 年海水中铬含量变化趋势见图 5-11,从图中分析可知:

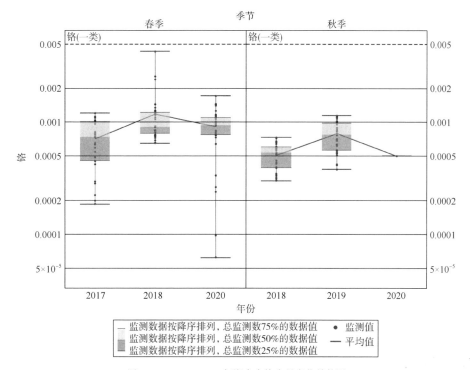

图 5-11 2017—2020 年海水中铬含量变化趋势图

春、季调查海域铬含量整体呈现为先升高后降低的变化趋势,铬含量最高值出现在 2018 年。春季 3 个调查航次,铬含量均满足一类海水水质标准的要求。

秋季调查海域铬含量均值整体呈现为先升高后降低的变化趋势,铬含量最高值出现在 2019 年。3 个秋季调查航次铬含量均满足一类水质标准。

春、秋季铬含量大体相当,无明显季节变化。

3.小结

调查海域各航次出现超标的主要因子为 COD、无机氮、活性磷酸盐、锌、铅和汞。

二、唐山海域国控点监测数据趋势分析及总结

1.趋势分析

(1)COD

2017—2022 年各国控点监测海域 COD 含量变化趋势见图 5-12,从图中分析可知:

春季调查海域 COD 含量整体呈现为先降低后升高的变化趋势,COD 含量

最高值出现在 2017 年。2019—2022 年春季 COD 含量均满足一类海水水质标准的要求,2017 年和 2018 年春季 COD 含量分别有 1 个站位超出一类水质标准的要求,但均满足二类水质标准。

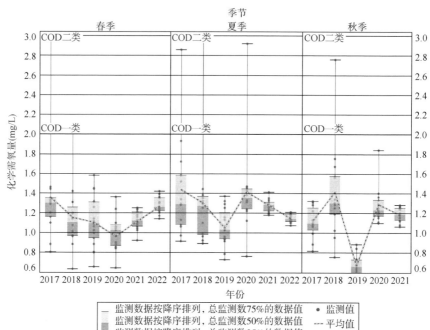

图 5-12　2017—2022 年 COD 变化趋势图

夏季调查海域 COD 含量波状起伏,COD 含量最高值出现在 2018 年。2019 年、2021 年和 2022 年夏季 COD 含量均满足一类海水水质标准的要求,2017 年、2018 年和 2020 年夏季 COD 含量分别有 1 个站位超出一类水质标准的要求,但均满足二类水质标准。

秋季调查海域 COD 含量波状起伏,COD 含量最高值出现在 2018 年。COD 含量除 2018 年有 1 个站位超出一类水质标准的要求外,其他站位及其他各调查年份均满足一类水质标准。

2017—2022 年春、夏、秋季 COD 含量均值大体相当,无明显季节变化。

(2)无机氮

2017—2022 年各国控点监测海域无机氮含量变化趋势见图 5-13,从图中分析可知:

春季调查海域无机氮含量波动起伏无明显趋势,无机氮含量最高值出现在

2022年。2017—2022年春季无机氮含量均满足二类海水水质标准的要求，2019年和2021年春季无机氮含量还能满足一类水质标准的要求。

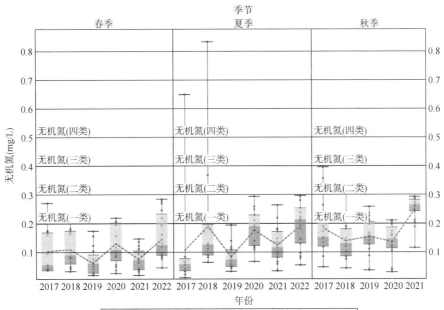

图5-13 2017—2022年无机氮变化趋势图

夏季调查海域无机氮含量波状起伏无明显趋势，无机氮含量最高值出现在2018年。2019年夏季无机氮含量均满足一类海水水质标准的要求，2020—2022年夏季无机氮含量满足二类水质标准的要求，2017年和2018年夏季部分站位无机氮含量超出四类水质标准。

秋季调查海域无机氮含量波状起伏无明显趋势，无机氮含量最高值出现在2017年。2019—2021年秋季无机氮含量均满足二类海水水质标准的要求，2017年和2018年秋季无机氮含量部分站位超出二类水质标准，但均满足三类水质标准的要求。

调查海域无机氮含量整体表现为夏季＞秋季＞春季。

（3）活性磷酸盐

2017—2022年各国控点监测海域活性磷酸盐含量变化趋势见图5-14，从图中分析可知：

春季调查海域活性磷酸盐含量整体呈现为先升高后降低的变化趋势，活性磷酸盐含量最高值出现在 2020 年。2020 年活性磷酸盐含量在 1 个站位超出一类水质标准,均满足二类标准;其他调查年份(2017—2019 年、2021 年和 2022 年)活性磷酸盐含量均满足一类水质标准。

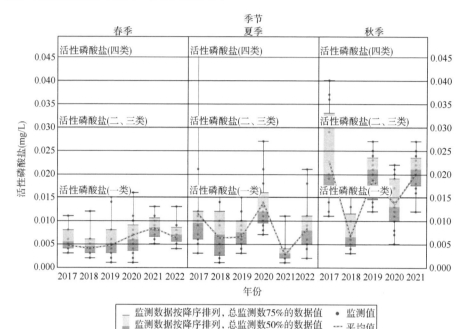

图 5-14 2017—2022 年活性磷酸盐变化趋势图

夏季调查海域活性磷酸盐含量波状起伏无明显趋势,活性磷酸盐含量最高值出现在 2017 年。2019 年和 2021 年活性磷酸盐含量满足一类水质标准,2018 年、2020 年和 2022 年满足二、三类水质标准的要求;2017 年夏季活性磷酸盐含量在个别站位超出二、三类,甚至四类海水水质标准。

秋季调查海域活性磷酸盐含量波状起伏无明显趋势,无机氮含量最高值出现在 2017 年,所有调查年份活性磷酸盐含量均超出一类水质标准。2018—2021 年秋季活性磷酸盐含量均满足二、三类海水水质标准的要求,2017 年秋季活性磷酸盐含量部分站位超出二、三类水质标准,但均满足四类水质标准的要求。

调查海域活性磷酸盐含量均值整体表现为秋季 > 夏季 > 春季。

(4)石油类

2017—2022 年各国控点监测海域石油类含量变化趋势见图 5-15,从图中分析可知:

春、夏、秋季调查海域石油类含量均整体呈现为先下降后升高的变化趋势。2017—2022 年所有调查航次的石油类含量均满足一类水质标准,调查海域活石油类含量无明显季节变化。

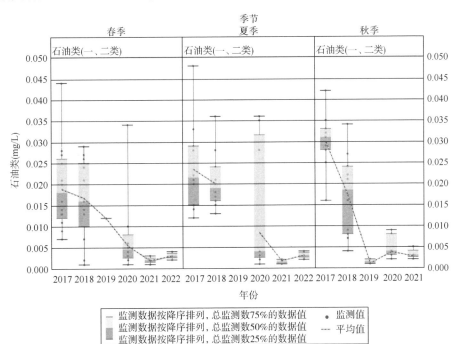

图 5-15 2017—2022 年石油类变化趋势图

2. 小结

国控点调查数据显示,唐山海域的主要超标因子为 COD、无机氮、活性磷酸盐,这与曹妃甸海域近年跟踪监测数据的调查结果基本一致。同时季节变化也基本一致,无机氮、活性磷酸盐含量均为秋季 > 春季。

三、工程海域海水水质环境制约因子分析

综合 2017—2022 年 9 次调查资料及 2017—2022 年唐山海域国控点监测数据,工程海域各航次出现超标的主要因子为 COD、无机氮、活性磷酸盐、锌、铅和汞。从近年的《河北省海洋质量公报》《河北省生态环境状况公报》及《中国近岸海域环境质量公报》可以看出,河北省乃至黄渤海海域无机氮、活性磷酸盐均为主要污染因子。另外,根据河北省环境监测站提供的监测数据,近年来姜各庄、涧河口等入海口水质中铅、锌、汞含量多为未检出,陆源排放并不是造成曹妃甸海域铅、锌、汞超标的主要原因。铅、锌和汞超标一方面可能与港区

施工搅动沉积物引起的重金属溶出有关,另一方面可能与渤海湾较弱的水交换能力有关。

第三节　海洋沉积物环境制约因子分析

一、工程海域近年沉积物质量现状跟踪监测数据趋势分析

本节通过对比规划附近海域2017—2021年多年沉积物监测数据,对规划海域沉积物环境变化趋势进行分析。选取的沉积物监测因子为有机碳、石油类、硫化物、铜、锌、铅、镉、汞、砷和铬。

为了反映监测数据分散情况,本次评价将监测数据绘制成箱形图,图中按调查时间分列,每一次调查数据均降序排列,并在图中标示出最大值、最小值、中位数(总监测数50%的数据值)、第一四分位数(总监测数25%的数据值)和第三四分位数(总监测数75%的数据值),连接两个四分位数画出箱子,再将最大值和最小值与箱子相连接,中位数在箱子中间。

2017—2021年沉积物中各监测因子含量变化趋势见图5-16。

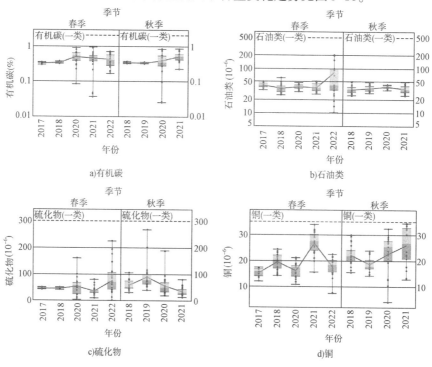

图　5-16

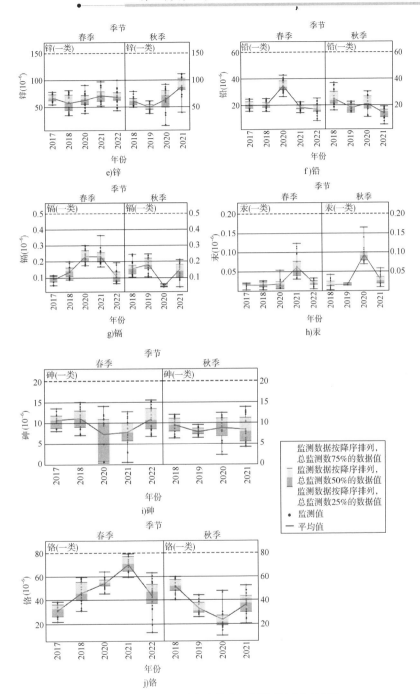

图 5-16　2017—2021 年沉积物中各监测因子变化趋势图

二、工程海域沉积物环境制约因子分析

由图5-16可以看出,2017—2022年春、秋季调查海域沉积物中,有机碳、石油类、硫化物、铜、锌、铅、镉、汞、砷和铬含量均符合一类海洋沉积物质量标准的要求,春、秋季各监测因子含量均在一类沉积质量标准范围内波动,年际波动幅度不大,无明显季节变化,工程海域海洋沉积物质量现状良好,无明显制约因子。

第四节　海洋生态及渔业资源环境制约因子分析

一、工程海域近年海洋生态现状跟踪监测数据趋势分析

1. 叶绿素a

共收集到2017—2022年9个航次的叶绿素a现状调查数据。

调查海域9航次叶绿素a含量变化趋势见图5-17。由图可知,春季和秋季叶绿素a含量均呈现出先下降后升高再降低的趋势;就季节变化而言,叶绿素a含量季节变化不明显。

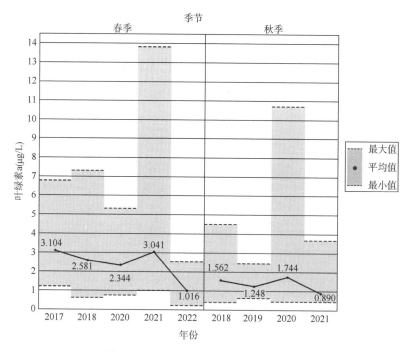

图5-17　2017—2022年叶绿素a变化趋势图

2.浮游植物

（1）种类组成

各航次浮游植物种类组成如图5-18所示,各航次均以硅藻占绝对优势,其次是甲藻,季节变化不显著。其中,2018年秋季种类最多、2019年秋季种类最少。

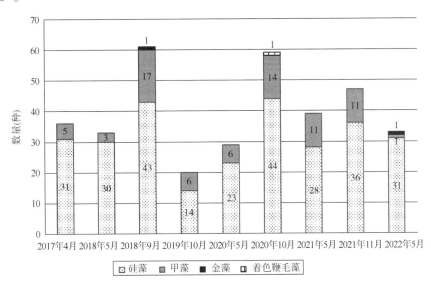

图5-18 各航次调查浮游植物种类统计图

（2）细胞密度

各航次浮游植物细胞丰度变化趋势如图5-19所示。

春季浮游植物细胞密度呈现出先下降后升高的变化趋势,秋季各调查航次浮游植物细胞密度波状起伏,无明显规律。浮游植物细胞密度最高值出现在2017年春季。除2017年春季调查航次浮游植物细胞密相对较高外,春、秋季其他各年际浮游植物细胞密度大体相当,无明显季节变化。

（3）生物多样性指数

各航次浮游植物生物多样性指数变化趋势如图5-20所示。

春季浮游植物生物多样性指数呈现出先下降后升高的变化趋势,秋季各调查航次浮游植物生物多样性指数波状起伏,无明显规律。浮游植物生物多样性指数最高值出现在2020年秋季。浮游植物生物多样性指数秋季整体大于春季。

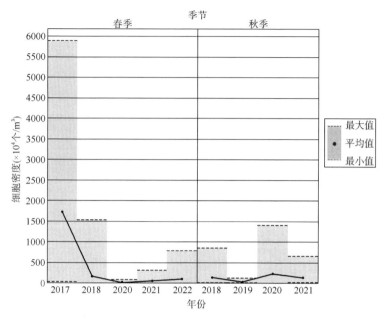

图 5-19　各航次调查浮游植物细胞密度变化趋势图

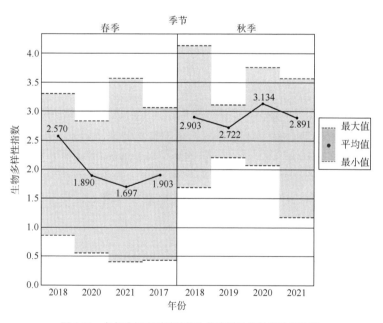

图 5-20　各航次调查浮游植物生物多样性指数变化趋势图

（4）优势种

各航次浮游植物优势种如表5-3所示。在共计9个航次的调查中，密连角毛藻作为优势种在3个航次中有出现，其次是刚毛根管藻、卡氏角毛藻、旋链角毛藻、威利圆筛藻、尖刺伪菱形藻和夜光藻分别在两个航次中出现，再次是短角弯角藻、角毛藻和微小原甲藻分别在1个航次中出现。

各航次浮游植物优势种　　表5-3

优势种	时间									出现频次
	2007年5月	2018年5月	2018年9月	2019年10月	2020年5月	2020年10月	2021年5月	2021年11月	2022年5月	
短角弯角藻	+									1
角毛藻	+									1
刚毛根管藻		+						+		2
卡氏角毛藻		+			+					2
旋链角毛藻			+			+				2
威利圆筛藻			+		+					2
密连角毛藻					+		+		+	3
微小原甲藻					+					1
尖刺伪菱形藻						+		+		2
夜光藻							+		+	2
总计	2	2	2	2	2	2	2	2	2	18

3.浮游动物

（1）种类组成

各航次浮游动物种类组成如图5-21所示，各航次均以桡足类占绝对优势，其次是浮游幼体，季节变化不显著。其中2021年秋季种类最多，2018年春季种类最少。

（2）生物密度和生物量

春季调查海域浮游动物生物密度均值总体逐渐升高的趋势，秋季生物密度波状起伏。浮游动物生物密度春季明显高于秋季（图5-22、图5-23）。

各调查航次春、秋季调查海域浮游动物生物量均值均呈现为先升高后降低的趋势，春季浮游动物生物量高于秋季（图5-24）。

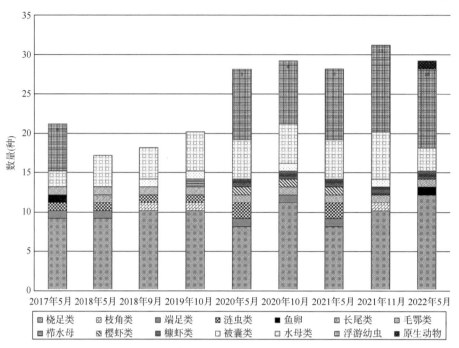

图 5-21　各航次调查浮游动物种类统计图

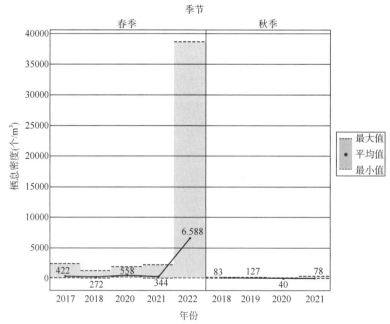

图 5-22　各航次调查浮游动物生物密度变化趋势图(春、秋)

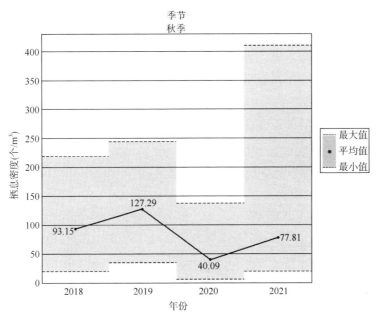

图 5-23　各航次调查浮游动物生物密度变化趋势图(秋季)

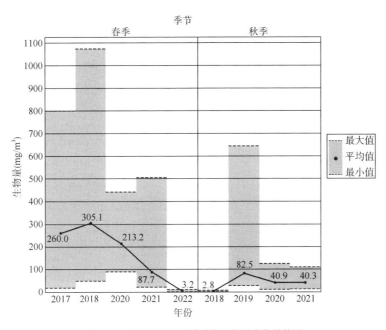

图 5-24　各航次调查浮游动物生物量变化趋势图

（3）生物多样性指数

春季浮游动物生物多样性指数呈现出先升高后下降的变化趋势,秋季各调查航次生物多样性指数呈现逐渐下降的变化趋势。调查海域春、秋季浮游动物生物多样性指数大体相当,无明显季节变化(图5-25)。

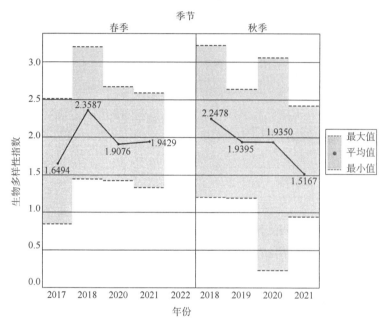

图5-25　各航次调查浮游动物生物多样性指数变化趋势图

（4）优势种

在共计9个航次的调查中,中华异水蚤作为优势种在7个航次中有出现,其次是腹针胸刺水蚤和强壮箭虫分别在4个航次中出现,再次是球形侧腕水母、夜光虫和真刺唇角水蚤分别在1个航次中出现(表5-4)。

各航次浮游动物优势种统计　表5-4

优势种	时间									出现频次
	2017年5月	2018年5月	2018年9月	2019年10月	2020年5月	2020年10月	2021年5月	2021年11月	2022年5月	
中华哲水蚤	+	+		+	+	+	+	+		7
腹针胸刺水蚤	+	+			+		+			4
强壮箭虫			+	+		+		+		4
球形侧腕水母			+							1

续上表

优势种	时间									出现频次
	2017年5月	2018年5月	2018年9月	2019年10月	2020年5月	2020年10月	2021年5月	2021年11月	2022年5月	
夜光虫									+	1
真刺唇角水蚤									+	1
总计	2	2	2	2	2	2	2	2	2	

4.底栖生物

（1）种类组成

各航次底栖生物种类组成如图5-26所示,各航次均以环节动物占绝对优势,其次是节肢动物和软体动物,季节变化不显著。其中,2022年春季种类最多、2018年秋季种类最少。

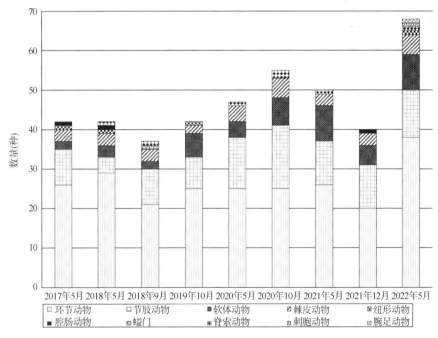

图5-26　各航次调查底栖生物种类组成统计图

（2）栖息密度和生物量

春季调查海域底栖生物生物密度均值总体波状升高的趋势,秋季栖息密度波动不大。底栖生物生物密度春季明显高于秋季(图5-27)。

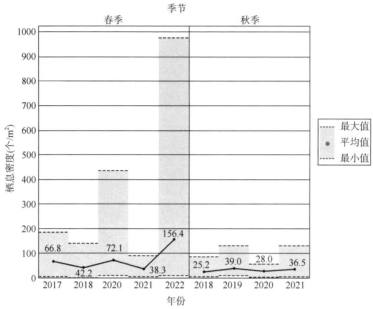

图 5-27　各航次调查底栖生物栖息密度变化趋势图

各调查航次春、秋季调查海域底栖生物生物量均值均呈现为波状上升的趋势,底栖生物生物量春季高于秋季(图 5-28)。

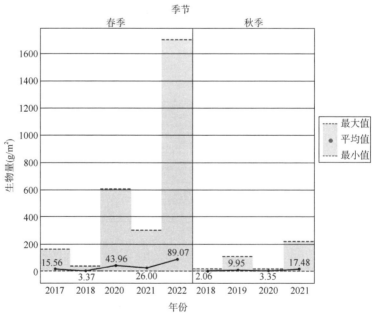

图 5-28　各航次调查底栖生物生物量变化趋势图

（3）生物多样性指数

春季底栖生物生物多样性指数波动起伏,秋季各调查航次生物多样性指数呈现为先升高后下降的变化趋势。调查海域春、秋季底栖生物多样性指数大体相当,无明显季节变化(图5-29)。

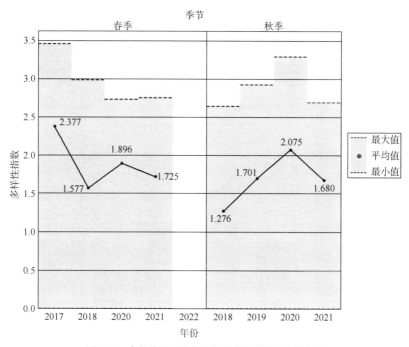

图5-29　各航次调查底栖生物多样性指数变化趋势图

（4）优势种

在共计9个航次的调查中,日本倍棘蛇尾作为优势种在6个航次中有出现,其次是彩虹明樱蛤在3个航次中出现,再次是短角双眼钩虾在2个航次中出现(表5-5)。

各航次底栖生物优势种　　　　　　　　　　　　　表5-5

优势种	时间									出现次数
	2017年5月	2018年5月	2018年9月	2019年10月	2020年5月	2020年10月	2021年5月	2021年11月	2022年5月	
日本倍棘蛇尾	+				+	+		+	+	+	6
彩虹明樱蛤	+		+			+				3
光滑河蓝蛤		+								1
蛇杂毛虫		+								1
小头虫			+							1
长吻沙蚕					+					1

续上表

优势种	时间									出现次数
	2017年5月	2018年5月	2018年9月	2019年10月	2020年5月	2020年10月	2021年5月	2021年11月	2022年5月	
短角双眼钩虾						+		+		2
不倒翁虫							+			1
菲律宾蛤仔									+	1
总计	2	2	2	1	2	2	2	2	2	17

5. 鱼卵仔稚鱼

本节收集了2017—2022年共5个春季调查航次的现状资料,以此分析工程海域鱼卵仔稚鱼分布情况。

(1) 种类组成

各航次鱼卵仔稚鱼种类组成如图5-30所示,2018年5月和2022年5月鱼卵仔鱼种类最多(15种),其次为2021年5月(13种),再次为2020年5月(10种),2017年5月种类数较低(7种)。

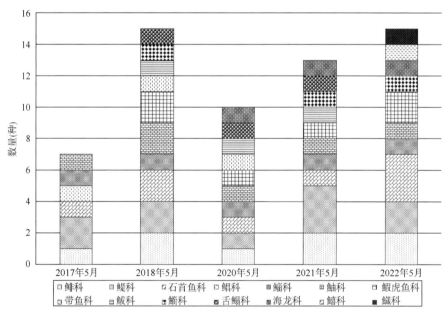

图5-30 各航次鱼卵、仔鱼种类组成

通过对比来看,鳀科、鲱科和石首鱼科种类数较高。

(2) 密度组成

春季调查海域鱼卵密度总体呈现为先升高后降低的趋势(图5-31)。各调查航次春季调查海域仔鱼密度呈现波状起伏,最大值出现在 2021 年,最小值出现在 2022 年(图 5-32)。

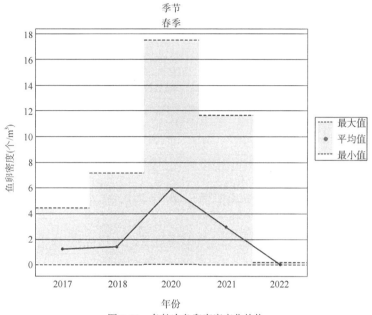

图 5-31　各航次鱼卵密度变化趋势

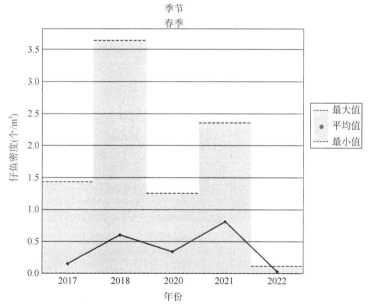

图 5-32　各航次仔鱼密度变化趋势

（3）优势种

各航次鱼卵仔鱼优势种如表5-6所示,在共计5个航次的调查中,小斑鰶在5航次中均有出现,鳀鱼和梭鱼在3个航次中出现。

各航次鱼卵仔鱼优势种   表5-6

优势种	2017年5月	2018年5月	2020年5月	2021年5月	2022年5月	出现次数
鳀鱼	+		+	+		3
斑鰶	+	+	+	+	+	5
焦氏舌鳎		+				1
梭鱼		+	+		+	3
尖尾鰕虎鱼		+				1
蓝点马鲛			+	+		2
叫姑鱼			+			1
许氏平鲉				+		1
总计	2	4	5	4	2	17

6.游泳动物

本节收集了2017—2022年共9个调查航次的现状资料,以此分析工程海域游泳动物分布情况。

（1）种类组成

各航次均以鱼类占优势,其次为虾类,其中2022年5月种类最多,2017年5月种类最少。秋季调查航次游泳动物种类均值略高于春季(图5-33)。

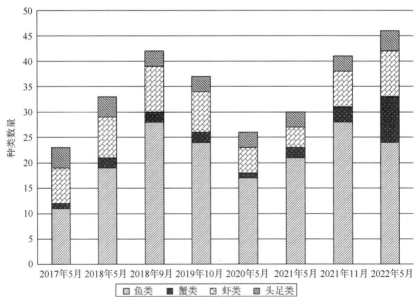

图5-33　各航次游泳生物种类组成变化趋势图

（2）资源密度

春季调查海域各航次游泳生物重量资源密度总体呈现为波状上升的趋势；秋季呈现为先下降后升高的趋势（图5-34）。季节变化不明显。

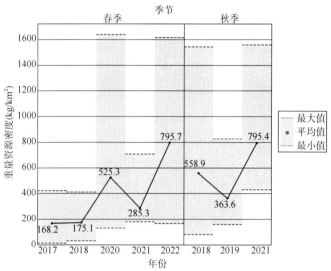

图5-34　各航次游泳生物重量资源密度变化趋势图

春季调查海域各航次游泳生物尾数资源密度均值总体呈现为逐渐上升的趋势；秋季呈现为先下降后升高的趋势（图5-35）。季节变化不明显。

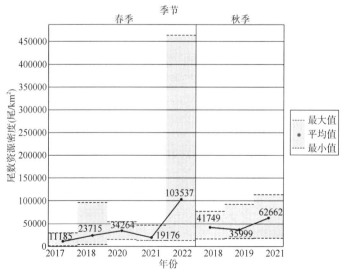

图5-35　各航次游泳生物尾数资源密度变化趋势图

（3）优势种

各航次游泳生物优势种如表5-7所示。在共计8个航次的调查中,口虾姑作为优势种在8个航次中均有出现,其次为尖尾鳂鰕鱼在6个调查航次中出现,焦氏舌鳎在5个航次中出现。2018年9月优势种最多,有6种。

各航次游泳动物优势种   表5-7

优势种	2017年5月	2018年5月	2018年9月	2019年10月	2020年5月	2021年5月	2021年11月	2022年5月	出现次数
口虾姑	+	+	+	+	+	+	+	+	8
葛氏长臂虾	+								1
日本鼓虾	+				+				2
尖尾鳂鰕鱼		+	+	+	+	+	+		6
焦氏舌鳎		+	+	+	+	+			5
日本枪乌贼			+	+			+		3
短蛸			+						1
长蛸								+	1
三疣梭子蟹			+						1
六丝钝尾虾虎鱼								+	1
总计	3	3	6	4	4	3	3	3	29

二、海洋生态制约因子分析小结

总体分析,本工程邻近海域的生态环境风险较低,主要表现为:依据浮游植物种类组成,优势种和生物密度的特征,当地海域赤潮风险较低。浮游动物数量丰富,群落结构比较稳定,渔场饵料风险低。底栖动物种类较多,生物多样性风险较低等。春季是本工程海域鱼类产卵场的主要产卵季节,游泳动物优势种主要为口虾姑、尖尾鳂鰕鱼、焦氏舌鳎、日本枪乌贼等,符合渤海湾渔业资源的分布规律。

第五节　生物质量现状制约因子分析

一、工程海域生物质量现状跟踪监测数据趋势分析

本节收集2017—2021年8个调查航次的生物体质量数据,统计结果见表5-8。贝类(双壳类)生物体内污染物质含量评价标准采用《海洋生物质量》(GB 18421—2001)的一类标准,其他软体动物和甲壳类、鱼类体内污染物质(除石油烃外)含量评价标准采用《全国海岸带和海涂资源综合调查简明规程》中规

定的生物质量标准,石油烃含量的评价标准采用《第二次全国海洋污染基线调查技术规程》(第二分册)中规定的生物质量标准。

二、工程海域生物质量现状制约因子分析

在2017—2021年调查海域共8个调查航次的生物质量现状调查中,仅2017年5月调查菲律宾蛤仔中的砷含量和2020年11月调查毛蚶中的镉含量就超出《海洋生物质量》一类标准的要求,但满足二类标准;贝类其他因子及软体动物、甲壳类、鱼类体内各调查因子均能满足相应标准的要求,调查海域生物质量现状整体良好(表5-8)。

生物体质量统计表　　　　　表5-8

分类	监测时间	种类数	站位数量	超标情况	达标项目
鱼类	2017年5月	梭鱼	12个	无	铜、锌、铅、镉、汞、砷、石油烃
	2018年5月	梭鱼	9个	无	铜、锌、铅、镉、汞、砷、铬、石油烃
	2018年9月	梭鱼	6个	无	铜、锌、铅、镉、汞、砷、铬、石油烃
	2019年10月	矛尾复鰕虎鱼	8个	无	铜、锌、铅、镉、汞、砷、铬、石油烃
	2020年5月	鲻鱼	5个	无	铜、锌、铅、镉、汞、砷、铬、石油烃
	2020年11月	鰕虎鱼	7个	无	铜、锌、铅、镉、汞、砷、铬、石油烃
	2021年5月	梭鱼、许氏平鲉、鲈鱼	3个	无	铜、锌、铅、镉、汞、砷、铬、石油烃
	2021年11月	鰕虎鱼	8个	无	铜、锌、铅、镉、汞、砷、铬、石油烃
甲壳类	2017年5月	琵琶虾	12个	无	铜、锌、铅、镉、汞、砷、石油烃
	2018年5月	—	—	—	—
	2018年9月	—	—	—	—
	2019年10月	—	—	—	—
	2020年5月	—	—	—	—
	2020年11月	—	—	—	—
	2021年5月	—	—	—	—
	2021年11月	—	—	—	—
贝类	2017年5月	菲律宾蛤仔	12个	砷超一类标准满足二类标准	铜、锌、铅、镉、汞、石油烃
	2018年5月	文蛤	4个	无	铜、锌、铅、镉、汞、砷、石油烃
	2018年9月	四角蛤蜊	7个	无	铜、锌、铅、镉、汞、砷、铬、石油烃

续上表

分类	监测时间	种类数	站位数量	超标情况	达标项目
贝类	2019 年 10 月	菲律宾蛤仔、牡蛎	11 个	无	铜、锌、铅、镉、汞、砷、铬、石油烃
	2020 年 5 月	菲律宾蛤仔、四角蛤蜊	14 个	无	铜、锌、铅、镉、汞、砷、铬、石油烃
	2020 年 11 月	毛蚶	5 个	镉超一类标准满足二类标准	铜、锌、铅、汞、砷、铬、石油烃
	2021 年 5 月	四角蛤蜊、菲律宾帘蛤	12 个	无	铜、锌、铅、镉、汞、砷、铬、石油烃
	2021 年 11 月	四角蛤蜊	7 个	无	铜、锌、铅、镉、汞、砷、铬、石油烃
软体类	2017 年 5 月	—	—	—	—
	2018 年 5 月	脉红螺	6 个	无	铜、锌、铅、镉、汞、砷、铬、石油烃
	2018 年 9 月	脉红螺	6 个	无	铜、锌、铅、镉、汞、砷、铬、石油烃
	2019 年 10 月	—	—	—	—
	2020 年 5 月	—	—	—	—
	2020 年 11 月	脉红螺	3 个	无	铜、锌、铅、镉、汞、砷、铬、石油烃
	2021 年 5 月	—	—	—	—
	2021 年 11 月	—	—	—	—

第六章 工程海域渔业资源的可替代性分析

第一节 工程海域渔业资源概况

一、渔业资源调查概况

1. 调查时间与站位

本章搜集了 2015 年 10 月（秋季）和 2017 年 5 月（春季）曹妃甸海域的渔业资源现状调查资料。

2. 调查与分析方法

（1）调查方法

鱼卵、仔稚鱼、游泳动物现场采样按照《海洋调查规范　第 6 部分：海洋生物调查》（GB/T 12763.6—2007）的有关要求进行。

鱼卵、仔稚鱼采用浅水Ⅰ型浮游动物网。垂直拖网每站自底层到表层垂直拖网 1 次（定量），水平拖网每站拖曳 10min（定性）。样品经 5% 福尔马林固定，带回实验室后进行分类、鉴定和计数。

游泳动物拖网调查使用适合当地的单拖渔船，单拖网囊网目应取选择性低的网目（网囊部 2a 小于 20mm），每站拖曳 1h 左右（视具体海上作业条件而定），拖网速度控制在 3kn 为宜。每网调查的渔获物进行分物种渔获重量和尾数统计。记录网产量，进行主要物种生物学测定。

（2）相对资源量的计算

渔业资源密度计算采用面积法。渔业资源密度计算执行《建设项目对海洋生物资源影响评价技术规程》（SC/T 9110—2007），各调查站资源密度（重量和尾数）的计算式为：

$$D = C/q \times a$$

式中：D——渔业资源密度，ind/km^2 或 kg/km^2；

C——平均每小时拖网渔获量，ind/h 或 kg/h；

a——每小时网具取样面积，km^2/h；

q——网具捕获率取 0.5。

（3）优势种的计算

在生物群落中，并非所有的物种都同等重要，优势种是对群落起主要控制影响的种类。判断一个群落的组成，优势种的变化是一个重要指标。为了确定各种游泳动物在整个群落中的重要性，使用 Pinkas（1971 年）提出的相对重要性指标（IRI）来衡量游泳动物在不同海区、不同季节的地位。其优点是既考虑了捕获物的尾数和重量，也考虑了它们出现的频率。计算公式为：

$$IRI = (N + W)F$$

式中：N——某种类尾数占总尾数的百分比；

W——某种类重量占总重量的百分比；

F——某一种类出现的站次数占调查总站次数的百分比。

一般情况下，IRI 值大于 1000 的种类为优势种，IRI 值在 100～1000 之间为重要种，IRI 值在 10～100 之间为常见种，IRI 值在 1～10 之间为一般种，IRI 值在 1 以下为少见种。由此来确定各个种类在生物群落中的重要性。

二、渔业资源调查结果

1. 2015 年 10 月（秋季）调查结果

（1）鱼类资源概况

①种类组成及群落特点

调查海域秋季调查共捕获鱼类 25 种（表 6-1），隶属于 9 目，16 科，25 属；其中鰕虎鱼科和鳀科最多，均为 3 种，分别占 12.0%；其次为鲱科、石首鱼科和鮋科均为 2 种，分别占 8.0%，其他银鱼科、鮨科、锦鳚科、绵鳚科、鰧衔科、鲳科、鲬科、狗母鱼科、舌鳎科、鲀科和鲹鲢科均为 1 种，分别占 4.0%。

鱼类种类名录　　　　　　　　　　　　表 6-1

序号	名称	目	科
1	青鳞鱼（Harengula zunasi）	鲱形目	鲱科
2	斑鰶（Clupanodon punctatus）	鲱形目	鲱科
3	鳀（Engraulis japonicus）	鲱形目	鳀科
4	赤鼻棱鳀（Thrissa kammalensis）	鲱形目	鳀科
5	黄鲫（Setipinna taty）	鲱形目	鳀科
6	大银鱼（Protosalanx hyalocranicus）	鲑形目	银鱼科
7	花鲈（Lateolabrax japonicus）	鲈形目	鮨科
8	叫姑鱼（Johnius belengerii）	鲈形目	石首鱼科
9	小黄鱼（Pseudosciaena polyactis）	鲈形目	石首鱼科

序号	名称	目	科
10	真鲷(Pagrosomus major)	鲈形目	鲷科
11	方氏云鳚(Enedrias fangi)	鲈形目	锦鳚科
12	绵鳚(Zoarces elongatus)	鲈形目	绵鳚科
13	短鳍衔(Callionymus kitaharae)	鲈形目	鲔衔科
14	银鲳(Pampus argenteus)	鲈形目	鲳科
15	矛尾刺鰕虎鱼(Acanthogobius hasta)	鲈形目	鰕虎鱼科
16	尖尾鰕虎鱼(Chaeturichthys stigmatias)	鲈形目	鰕虎鱼科
17	钟馗鰕虎鱼(Triaenopogon barbatus)	鲈形目	鰕虎鱼科
18	凹鳍孔鰕虎鱼(Ctenotrypauchen chinensis)	鲈形目	鰕虎鱼科
19	油鲟(Sphyraena pinguis)	鲻形目	鲟科
20	黑鲪(Sebastodes fuscescens)	鲉形目	鲉科
21	鲬(Platycephalus indicus)	鲉形目	鲉科
22	长蛇鲻(Saurida elongata)	灯笼鱼目	狗母鱼科
23	焦氏舌鳎(Cynoglossus joyneri)	鲽形目	舌鳎科
24	红鳍东方鲀(Fugu rubripes)	鲀形目	鲀科
25	黄鮟鱇(Lophius litulon)	鮟鱇目	鮟鱇科

所捕获的 25 种鱼类中,暖水性鱼类有 10 种,占鱼类种数的 40%,暖温性鱼类有 13 种,占 52%,冷温性鱼类有 2 种,占 8%;按栖息水层分,底层鱼类有 19 种,占鱼类种数的 76%,中上层鱼类有 6 种,占 24%。按越冬场分,渤海地方性鱼类有 13 种,占鱼类种数的 52%,长距离洄游性鱼类有 12 种,占 48%。按经济价值分,经济价值较高的有 9 种,占鱼类种数的 36%,经济价值一般的有 11 种,占 44%,经济价值较低有 5 种,占 20%(表6-2)。

调查海域鱼类种类组成　　　　　　　　　　　　　　　表6-2

种名	经济价值			水层		适温性			越冬场		
	较高	一般	较低	中上层	底层	暖水性	暖温性	冷温性	渤海	黄海	东海
青鳞鱼		+		+		+				+	
斑鰶		+		+		+				+	
鳀		+		+			+			+	
赤鼻棱鳀		+			+	+				+	
黄鲫		+		+		+				+	

种名	经济价值			水层		适温性			越冬场		
	较高	一般	较低	中上层	底层	暖水性	暖温性	冷温性	渤海	黄海	东海
大银鱼		+			+		+		+		
长蛇鲻	+				+		+		+		
花鲈	+				+	+			+		
小黄鱼	+				+		+		+		
叫姑鱼		+			+	+				+	
真鲷	+				+		+		+		
方氏云鳚			+		+			+	+		
绵鳚		+			+			+	+		
短鳍衔			+		+		+		+		
银鲳	+			+		+				+	
矛尾刺鰕虎鱼		+			+		+		+		
尖尾鰕虎鱼			+		+		+		+		
钟馗鰕虎鱼			+		+		+		+		
凹鳍孔鰕虎鱼			+		+	+			+		
油𫚭	+				+	+					
黑鲷	+				+		+		+		
鲬	+				+		+		+		
焦氏舌鳎		+			+		+		+		
红鳍东方鲀	+				+		+			+	
黄鮟鱇		+			+		+		+		
合计	9	11	5	6	19	10	13	2	13	12	0

②鱼类渔获物组成及优势种

本次调查鱼类生物量范围为 2.752~63.78kg/h,均值为 28.420kg/h。从生物量组成来看,尖尾鰕虎鱼最多,生物量为 11.648kg/h,占鱼类生物总量的 40.99%;其次为焦氏舌鳎,生物量为 5.641kg/h,占 19.85%;斑鰶生物量为 2.924kg/h,占 10.29%;矛尾刺鰕虎鱼生物量为 2.056kg/h,占 7.23%;鲬生物量为 1.378kg/h,占 4.85%;鲈鱼生物量为 0.903kg/h,占 3.18%;青鳞生物量为 0.820kg/h,占 2.89%,以上 7 种鱼合计占鱼类总生物量的 89.27%。

鱼类生物密度范围为 420~5172ind/h,均值为 2091ind/h。从生物密度组成来看,尖尾鰕虎鱼最多,生物密度为1250ind/h,占鱼类生物总量的59.78%;其次为焦氏舌鳎,生物密度为313ind/h,占14.97%;斑鰶生物密度为123ind/h,占5.88%;青鳞生物密度为96ind/h,占4.59%;短鳍衔生物密度为89ind/h,占4.26%;鳀鱼生物密度为77ind/h,占3.68%;黄鲫生物密度为47ind/h,占2.25%,以上7种鱼合计占鱼类总生物密度的95.41%。

本次调查鱼类优势种有2种,分别为尖尾鰕虎鱼(IRI=10074)和焦氏舌鳎(IRI=3193)。其中优势种尖尾鰕虎鱼站位平均生物量为11.648kg/h,生物密度为1250ind/h;焦氏舌鳎站位平均生物量为5.641kg/h,生物密度为313ind/h。

③鱼类资源数量及评估

秋季调查区域鱼类重量资源密度变化范围为57.333～1328.750kg/km²,平均值为592.075kg/km²;鱼类尾数资源密度变化范围为8750～107750尾/km²,平均值为43571尾/km²。

④鱼卵、仔稚鱼

本次调查未捕获鱼卵仔稚鱼。

(2)头足类资源概况

①种类组成及优势种

调查海区秋季共捕获头足类3种,分别为长蛸、短蛸和日本枪乌贼,隶属于2目2科2属(表6-3)。经计算头足类优势种为日本枪乌贼(IRI=11458)和短蛸(IRI=7883)。

头足类种类组成　　　　表6-3

序号	名称	目	科
1	日本枪乌贼(Loligo japonica)	枪形目	枪乌贼科
2	短蛸(Octopus ocellatus)	八腕目	章鱼科
3	长蛸(Octopus variabilis)	八腕目	章鱼科

②渔获物组成

本次调查头足类生物量范围为1～32.24kg/h,均值为15.891kg/h。从生物量组成来看,短蛸最多,生物量为9.688kg/h,占头足类生物总量的60.97%;其次为日本枪乌贼,生物量为5.302kg/h,占33.36%;长蛸生物量为0.901kg/h,占5.67%。

头足类生物密度范围为140～3066ind/h,均值为1350ind/h。从生物密度组成来看日本枪乌贼最多,生物密度为1096ind/h,占头足类生物总量的81.19%;其次为短蛸,生物密度为241ind/h,占17.85%;长蛸生物密度为13ind/h,占

0.96%。

③头足类资源数量及评估

秋季调查区域头足类重量资源密度变化范围为 20.833~671.667kg/km^2,平均值为 331.063kg/km^2;头足类尾数资源密度变化范围为 2917~63875 尾/km^2,平均值为 28117 尾/km^2。

(3)甲壳类资源概况

①种类组成及优势种

本次调查共捕获甲壳类 10 种(表6-4),隶属于 2 目,6 科,9 属,其中虾类 7 种,蟹类 2 种,口足类 1 种。

甲壳类种类组成   表6-4

序号	名称	目	科
1	中国对虾(Penaeus orientalis)	十足目	对虾科
2	南美白对虾(Penaeus vannamei)	十足目	对虾科
3	鹰爪糙对虾(Trachypenaeuscurvirostris)	十足目	对虾科
4	鲜明鼓虾(Alpheus distinguendus)	十足目	鼓虾科
5	日本鼓虾(Alpheus japonicus)	十足目	鼓虾科
6	葛氏长臂虾(Palaemon gravieri)	十足目	长臂虾科
7	褐虾(Crangon crangon)	十足目	褐虾科
8	三疣梭子蟹(Portunus trituberculatus)	十足目	梭子蟹科
9	日本蟳(Charybdis japonica)	十足目	梭子蟹科
10	口虾蛄(Oratosquilla oratoria)	口足目	虾蛄科

②渔获物组成

本次调查甲壳类生物量范围为 0.968~80.154kg/h,均值为 22.013kg/h。从生物量组成来看,三疣梭子蟹最多,生物量为 15.132kg/h,占甲壳类生物总量的 68.74%;其次为口虾蛄,生物量为 3.922kg/h,占 17.82%;日本蟳生物量为 1.747kg/h,占 7.94%;褐虾生物量为 0.988kg/h,占 4.49%,以上 4 种生物占甲壳类总生物量的 98.99%。

甲壳类生物密度范围为 37~7010ind/h,均值为 954ind/h。从生物密度组成来看褐虾最多,生物密度为 560ind/h,占甲壳类生物总量的 58.70%;其次为三疣梭子蟹,生物密度为 171ind/h,占 17.92%;口虾蛄生物密度为 147ind/h,占 15.41%;日本蟳生物密度为 29ind/h,占 3.04%,以上 4 种甲壳类占甲壳类总生物密度的 95.07%。

③甲壳类资源量评估

秋季调查区域甲壳类重量资源密度变化范围为 20.167～1669.875kg/km²，平均值为 458.613kg/km²；甲壳类尾数资源密度变化范围为 771～146042 尾/km²，平均值为 19867 尾/km²。

2. 2017 年 5 月(春季)调查结果

(1)鱼卵仔稚鱼

①种类组成

本次调查共采集到鱼卵仔稚鱼7 种，隶属于4 目6 科(表6-5)，其中鳀科2 种，占 28.57%，其他鲱科、鮨科、石首鱼科、鲳科、鲻科和鮋科各 1 种，分别占 14.29%。共采集到鱼卵 6 种，隶属于 4 目 6 科；共采集到仔稚鱼 5 种，隶属于 3 目 4 科。

调查海域鱼卵、仔稚鱼种类组成　　　　　　　　　　　　　表 6-5

种名	拉丁文	分类		生态类型	
		目	科	鱼卵	仔稚鱼
斑鰶	Clupanodon punctatus	鲱形目	鲱科	√	√
黄鲫	Setipinna taty	鲱形目	鳀科		√
鳀鱼	Engraulis japonicus	鲱形目	鳀科	√	√
叫姑	Johnius belengerii	鲈形目	石首鱼科	√	
银鲳	Pampus argenteus	鲈形目	鲳科	√	√
梭鱼	Liza haematocheila	鲻形目	鲻科	√	√
鲬	Platycephalus indicus	鮋形目	鮋科	√	
合计				6	5

②密度分布

本次调查共调查 12 个站位，10 个站位捕获鱼卵或仔稚鱼出现，出现频率为 83.33%。其中鱼卵 10 个站位采集到，出现频率为 83.33%；仔稚鱼 5 个站位采集到，出现频率为 41.67%。

本次调查水平拖网共捕获鱼卵 2191 个，站位密度范围为 0～444 个/(站·10min)，均值为 183 个/(站·10min)；水平拖网共捕获仔稚鱼 29 尾，站位密度范围为0～15 尾/(站·10min)，均值为 2.4 尾(站·10min)。

鱼卵密度变化范围为 0～4.44ind/m³，平均密度为 1.24ind/m³，最大值出现在 22 号站位，其次是 20 号站位。仔稚鱼密度变化范围为 0～1.43ind/m³，平均密度为 0.15ind/m³，最大值出现在 13 号站位，其次是 10 号站位。

③优势种

鳀鱼（$Y=0.45$）和斑鲦（$Y=0.21$）为鱼卵优势种；斑鲦（$Y=0.05$）和鳀鱼（$Y=0.04$）为仔稚鱼优势种。

（2）游泳动物

①种类组成

调查海域春航次共捕获游泳动物 23 种（表 6-6），其中鱼类 11 种，占 47.8%；蟹类 1 种，占 4.3%；虾类 7 种，占 30.4%；头足类 4 种，占 17.4%。

游泳动物种类名录

表 6-6

种类	中文名称	拉丁名	目	科
鱼类	凹鳍孔鰕鳚鱼	Ctenotrypauchen chinensis	鲈形目	鳗鰕虎鱼科
	赤鼻棱鳀	Thrissa kammalensis（Bleeker）	鲱形目	鳀科
	短鳍衔	Callionymus kitaharae	鲈形目	衔科
	方氏云鳚	Enedrias fangi Wang & Wang	鲈形目	锦鳚科
	黑鲪	Sebastodes fuscescens	鲉形目	鲉科
	尖尾鰕虎鱼	Chaeturichthys stigmatias	鲈形目	鰕虎鱼科
	焦氏舌鳎	Cynoglossus joyneri	鲽形目	舌鳎科
	狼鰕虎鱼	Odontamblyopus rubicundus	鲈形目	鳗鰕虎鱼科
	矛尾鰕虎鱼	Acanthogobius hasta	鲈形目	鰕虎鱼科
	银鱼	Hemisalanx prognathus Regan	胡瓜鱼目	胡瓜鱼科
	钟馗鰕虎鱼	Triaenopogon barbatus（Giinther）	鲈形目	鰕虎鱼科
虾类	葛氏长臂虾	Palaemon gravieri（Yu）	十足目	长臂虾科
	海蜇虾	Metanephrops Challengeri	十足目	藻虾科
	褐虾	Crangon affinis De Haan	十足目	褐虾科
	口虾蛄	Oratosquilla oratoria De Haan	口足目	虾蛄科
	日本鼓虾	Alpheus japonicus Miers	十足目	鼓虾科
	细鳌虾	Leptochela gracilis	鲈形目	天竺鲷科
	鲜明鼓虾	Alpheus distinguendus De Man	十足目	鼓虾科
蟹类	日本蟳	Charybdis japonica（A. Milne Edwards）	十足目	梭子蟹科
头足类	长蛸	Octopus variabilis（Sasaki）	八腕目	章鱼科
	短蛸	Octopus ocellatus Gray	八腕目	章鱼科
	日本枪乌贼	Loligo japonica Hoyle	枪形目	枪乌贼科
	双喙耳乌贼	Sepiola birostrata	乌贼目	耳乌贼科

续上表

种类	中文名称	拉丁名	目	科
贝类	扁玉螺	Glossaulax didyma	中腹足目	玉螺科
	魁蚶	Scapharca broughtonii	蚶目	蚶科
	脉红螺	Rapana venosa（Valenciennes）	狭舌目	骨螺科
	毛蚶	Scapharca subcrenata	蚶目	蚶科
	密鳞牡蛎	Ostrea denselamellosa	珍珠贝目	牡蛎科
	凸镜蛤	Dosiniagibba	帘蛤目	帘蛤科
	微黄镰玉螺	Polinices fortunei	中腹足目	玉螺科
	中国蛤蜊	Mactra chinensis	帘蛤目	蛤蜊科

②生物量组成及分布

春季拖网调查中,站位平均生物量为 10.75kg/h,生物量范围为 0.80 ~ 26.87kg/h。11 站位生物量最高,为 26.87kg/h,其次为 12 站,为 23.23kg/h。最小值出现在 10 站,生物量为 0.80kg/h。鱼类为 1.31kg/h,占 12.2%;蟹类为 0.66kg/h,占 6.2%;虾类为 2.33kg/h,占 21.7%;头足类为 0.52kg/h,占 4.8%;贝类 5.92kg/h,占 4.8%。

③生物密度组成及分布

春季拖网调查中,站位平均生物密度为 715ind/h,生物密度范围为 54 ~ 1884ind/h。11 站位生物密度最高,为 1884ind/h,其次为 4 站,为 966ind/h。最小值出现在 10 站,生物量为 54ind/h。鱼类为 103ind/h,占 14.3%;蟹类为 16ind/h,占 2.2%;虾类为 495ind/h,占 69.2%;头足类为 9ind/h,占 1.3%;贝类 92ind/h,占 12.9%。

④成幼鱼比例

主要渔业资源幼体比例如下:尖尾鰕虎鱼幼体比例为 26.42%;口虾蛄幼体比例为 67.12%;焦氏舌鳎幼体比例为 4.65%;日本鲟幼体比例为 77.78%。

⑤相对资源量

平均拖速为 5.556km/h,网口宽为 23m,扫海面积 0.127788km²/h,经验捕获率为 0.5。

经计算,春季调查区域资源密量为 168.2kg/km²（11184.7ind/km²）,其中鱼类资源密度为 20.5kg/km²,（1604.9ind/km²）;蟹类资源密度为 10.0kg/km²（230.5ind/km²）;虾类资源密度为 37.0kg/km²（7760.0ind/km²）;头足类资源密度为 8.1kg/km²（145.1ind/km²）;贝类资源密度为 92.6kg/km²（1444.2ind/km²）。

⑥优势种与优势度

游泳动物(不包括贝类),春季优势种有3种,分别为口虾姑(IRI=1825.5)、葛氏长臂虾(IRI=1724.8)、日本鼓虾(IRI=1724.3),重要种有8种,分别为焦氏舌鳎(IRI=900.8)、日本姥(IRI=707)、尖尾鰕鲅鱼(IRI=641.1)、长蛸(IRI=360.5)、褐虾(IRI=329.7)、短蛸(IRI=165.2)、鲜明鼓虾(IRI=156.3)、黑鲷(IRI=131.7)。

第二节 本工程邻近海域渔业资源概况

一、京唐港海域渔业资源概况

本节搜集了2015年6月(春季)和2015年10月(秋季)曹妃甸海域东侧京唐港海域的渔业资源现状调查资料,本节共设12个渔业资源拖网和鱼卵仔稚鱼站位。

1. 鱼卵仔稚鱼

(1)种类组成

本节春季共采集到鱼卵5种,隶属于4目5科,仔稚鱼7种,隶属于6目7科,秋季10月未采集到鱼卵仔稚鱼(表6-7)。

各航次鱼卵仔稚鱼种类组成　　　　　　表6-7

种类	鱼卵	仔稚鱼
斑鰶	√	√
鲲鱼	√	
叫姑		√
尖尾鰕虎鱼		√
衔	√	
梭鱼		√
许氏平鲉		√
鰔	√	√
鲅鳒		√
焦氏舌鳎	√	
合计	5	7

本次共采集鱼卵1444粒,仔稚鱼1025尾。经分析鉴定隶属于7目10科10属。鲈形目种类最多3种,鲱形目2种,其余各1种。

(2)数量分布

渤海是一个鱼类天然的索饵、育肥、产卵的地方。通常将渤海渔场分为辽东湾渔场、渤海湾渔场、莱州湾渔场及滦河口四个次级渔场。本区位于渤海湾渔场范围内，每年4月，洄游性鱼类便开始进入渤海，除少数种类在渤海中部产卵外，多数种类先后进入辽东湾中部、渤海湾、莱州湾的河口近岸海区进行产卵。一般5~6月达到产卵高峰。

本次调查鱼卵平均密度为0.76粒/m³；仔稚鱼的平均密度为0.71尾/m³。

2. 鱼类资源状况

（1）种类组成和群落结构特点

调查海域春、秋2个航次共捕获鱼类27种（表6-8），隶属于7目16科。

调查海域鱼类名录　　　　　　　　　　　　　　　　　　　　表6-8

序号	名称	目	科	2015年6月	2015年10月
1	青鳞（Harengula zunasi）	鲱形目	鲱科		√
2	斑鰶（Clupanodon punctatus）				√
3	赤鼻棱鳀（Thrissa kammalensis）				√
4	黄鲫（Setipinna taty）		鳀科	√	√
5	鳀（Engraulis japonicus）				√
6	白姑鱼（Argyrosomus argentatus Houttuyn）	鲈形目	石首鱼科		√
7	叫姑鱼（Johnius belengerii）			√	√
8	方氏云鳚（Enedrias fangi）		锦鳚科	√	√
9	绵鳚（Zoarces elongatus）		绵鳚科	√	√
10	短鳍衔（Callionymus kitaharae）		鰤衔科	√	√
11	裸项节鰕虎鱼（Ctenogobius gymnauchen）		鰕虎鱼科		√
12	矛尾鰕虎鱼（Acanthogobius hasta）				√
13	尖尾虾虎鱼（Chaeturichthys stigmatias）			√	√
14	钟馗鰕虎鱼（Triaenopogon barbatus）				√
15	凹鳍孔鰕虎鱼（Ctenotrypauchen chinensis）			√	
16	丝鰕虎鱼（Cryptocentrus filifer）			√	
17	小带鱼（Eupleurogrammus muticus）		带鱼科	√	
18	鲬（Platycephalus indicus）	鲉形目	鲬科		√
19	大泷六线鱼（Hexagrammos otakii）		六线鱼科	√	√
20	许氏平鲉（Sebastods schlegelii）		鲉科	√	√
21	细纹狮子鱼（Liparis tanakae）		狮子鱼科	√	

序号	名称	目	科	2015 年 6 月	2015 年 10 月
22	焦氏舌鳎（Cynoglossus joyneri）	鲽形目	舌鳎科	√	√
23	半滑舌鳎（Cynoglossus joyneri）				√
24	假晴东方鲀（Takifugu pseudommus）	鲀形目	鲀科	√	
25	黄鮟鱇（Lophius litulon）	鮟鱇目	鮟鱇科	√	√
26	安氏新银鱼（Neosalanx anderssoni）	鲑形目	银鱼科	√	
27	大银鱼（Protosalanx hyalocraniusAbbott）				√

注："√"表示捕获。

所捕获的 27 种鱼类中，暖水性鱼类有 11 种，占鱼类种数的 40.74%，暖温性鱼类有 16 种，占 59.26%；按栖息水层分，底层鱼类有 21 种，占鱼类种数的 77.78%，中上层鱼类有 6 种，占 22.22%。按越冬场分，渤海地方性鱼类有 15 种，占鱼类种数的 55.56%，长距离洄游性鱼类有 12 种，占 44.44%。按经济价值分，经济价值较高的有 10 种，占鱼类种数的 37.03%，经济价值一般的有 8 种，占 29.63%，经济价值较低的有 9 种，占 33.33%（表 6-9）。

调查海域鱼类种类组成　　　　　　　　　表 6-9

种名	经济价值			水层		适温性			越冬场		
	较高	一般	较低	中上层	底层	暖水性	暖温性	冷温性	渤海	黄海	东海
青鳞鱼		+		+		+				+	
斑鰶		+		+		+				+	
赤鼻棱鳀		+		+		+				+	
鳀		+		+		+				+	
黄鲫		+		+		+				+	
短鳍衔			+		+		+		+		
叫姑鱼	+				+		+			+	
白姑	+				+		+			+	
方氏云鳚			+		+		+		+		
安氏新银鱼	+				+		+		+		
大银鱼	+				+		+		+		
矛尾鰕虎鱼		+			+		+		+		
尖尾虾虎鱼			+		+		+		+		

续上表

种名	经济价值			水层		适温性			越冬场		
	较高	一般	较低	中上层	底层	暖水性	暖温性	冷温性	渤海	黄海	东海
钟馗鰕虎鱼			+		+		+		+		
凹鳍孔鰕虎鱼			+		+		+		+		
丝鰕虎鱼			+		+	+			+		
裸项节鰕虎鱼			+		+	+			+		
许氏平鲉	+				+		+			+	
大泷六线鱼	+				+		+			+	
鮞	+				+		+			+	
焦氏舌鳎		+			+		+		+		
半滑舌鳎	+				+		+		+		
小带鱼			+		+		+			+	
绵鳚		+			+		+		+		
假晴东方鲀	+				+		+			+	
细纹狮子鱼			+	+			+		+		
黄鮟鱇	+				+		+		+		
合计	10	8	9	6	21	11	16	0	15	12	0

（2）渔获物（重量、尾数）分类群组成

①春季

春季（6月）共捕获鱼类18种，隶属7目14科。平均渔获量为10118尾/h，11.928kg/h。鱼类的优势种为尖尾鰕虎鱼。按重量组成尖尾鰕虎鱼（7.64kg/h）64.07%、焦氏舌鳎（1.839kg/h）15.42%、鮟鱇（0.667kg/h）5.59%、许氏平鲉（0.425kg/h）3.56%，以上4种鱼类占鱼类总重量的88.57%。按数量组成为尖尾鰕虎鱼为9904尾/h，占鱼类总数量的97.89%。

根据渔获物分析，本次调查中幼鱼的尾数占总尾数的96.82%，为9796尾/h，生物量为6.510kg/h。成体渔业资源的平均渔获量322尾/h，5.418kg/h。

②秋季

秋季（10月）共捕获鱼类20种，隶属7目13科。平均渔获量2328尾/h，30.469kg/h。其优势种为尖尾鰕虎鱼、许氏平鲉和焦氏舌鳎。按重量组成许氏平鲉（11.66kg/h）38.27%、尖尾鰕虎鱼（9.87kg/h）32.41%、焦氏舌鳎（5.40kg/h）17.72%、鮞（0.89kg/h）2.90%和斑鰶（0.54kg/h）1.77%，以上5种鱼类占鱼类总重量的91.30%。

按数量组成为尖尾鰕虎鱼(1649 尾/h)70.85%、焦氏舌鳎(355 尾/h)15.25、鳀(57 尾/h)2.43%、许氏平鲉(55 尾/h)2.37%、短鳍衔(44 尾/h)1.90%,以上5 种鱼类占鱼类总重量的92.79%。

根据渔获物分析,本次调查中幼鱼的尾数占总尾数的41.52%,为967 尾/h,生物量为4.34kg/h。成体渔业资源的平均渔获量1361 尾/h,26.131kg/h。

③资源密度评估

春季(6 月)共捕获鱼类18 种,平均渔获量10118 尾/h,11.928kg/h,260.43kg/km^2;其中幼鱼尾数为9796 尾/h,生物量为6.510kg/h;成体渔业资源的平均渔获量322 尾/h,5.418kg/h。经换算幼鱼平均资源密度为241667 尾/km^2,成鱼平均资源密度为133.66kg/km^2。

秋季(10 月)共捕获鱼类20 种,平均渔获量2328 尾/h,30.469kg/h;其中幼鱼平均渔获数量为967 尾/h,生物量为4.34kg/h;成鱼平均渔获数量为1361 尾/h,26.131kg/h。经换算幼鱼平均资源密度为23856 尾/km^2,成鱼平均资源密度为644.65kg/km^2。

根据鱼类资源调查结果,鱼类成体资源密度全年平均值为389.16kg/km^2,幼鱼为132762 尾/km^2。

3. 头足类资源状况

(1)头足类的种类组成及优势种

调查海域头足类主要有两种类型,一是沿岸性种类,多栖息在近岸浅海水域,个体较小,游泳速度较慢,仅做短距离移动。属于这种类型的有短蛸和长蛸。另一类型是近海性种类,多栖息于沿岸水和外海水交汇的近海水域,个体较大游泳速度较快,洄游距离较长,对环境具有较好的适应力,空间分布范围较广,如日本枪乌贼。渔获物中,头足类主要有4 种(表6-10),分别为日本枪乌贼、短蛸、长蛸和双喙耳乌贼,优势种为日本枪乌贼。

头足类种类组成 表6-10

序号	名称	目	科
1	日本枪乌贼(Loligo japonica)	枪形目	枪乌贼科
2	短蛸(Octopus ocellatus)	八腕目	章鱼科
3	长蛸(Octopus variabilis)	八腕目	章鱼科
4	双喙耳乌贼(Sepiola birostrata)	十腕目	耳乌贼科

(2)渔获组成和渔获量

头足类的生命周期都较短,大部分为一年生,春夏季产卵的较多,产卵后大部分亲体死亡。调查结果显示,头足类生物量夏季多于春季。调查结果显示,头足类生物量秋季最多,冬季最少。

春季捕获头足类 4 种,平均渔获量 239 尾/h,71.56kg/h。头足类生物量范围在 0 ~ 15.45kg/h 之间,最高的是 8 号站,其次为 5 号站,最低的是 1 号站。

根据渔获物分析,本次调查中头足类幼体的尾数占总尾数的 28.45%,为 68 尾/h,生物量为 0.36kg/h。成体头足类的平均渔获量 2.47kg/h,171 尾/h。

秋季共捕获头足类 3 种,为日本枪乌贼、长蛸和短蛸,日本枪乌贼为优势种。平均资源密度为 1366 尾/h,11.87kg/h。头足类生物量范围在 1.00 ~ 42.83kg/h 之间,最高的是 8 号站,其次为 3 号站,最低的是 2 号站。

根据渔获物分析,本次调查中头足类幼体的尾数占总尾数的 35.87%,为 490 尾/h,生物量为 1.60kg/h。成体头足类的平均渔获量 10.27kg/h,876 尾/h。

（3）头足类资源数量及评估

春季（6 月）共捕获头足类 4 种,平均渔获量 239 尾/h,71.56kg/h;其中头足类幼体为 68 尾/h,生物量为 0.36kg/h。成体头足类的平均渔获量 2.47kg/h,171 尾/h。经换算头足类幼体平均资源密度为 3564 尾/km²,成体平均资源密度为 51.48kg/km²。

秋季（10 月）共捕获头足类 3 种,平均渔获量 1388 尾/h,11.87kg/h;其中幼体平均渔获数量为 490 尾/h,生物量为 1.60kg/h;成体平均渔获数量为 876 尾/h,10.27kg/h。经换算头足类幼体平均资源密度为 10213 尾/km²,成体平均资源密度为 214.05kg/km²。

根据鱼类资源调查结果,头足类成体资源密度全年的平均值为 132.77kg/km²,幼体为 6889 尾/km²。

4. 甲壳类资源状况

（1）种类组成及优势种

本次调查共捕获甲壳类 9 种（表 6-11）,隶属于 2 目 7 科,其中虾类 6 种,蟹类 2 种,口足类 1 种。其中春季调查捕获甲壳类 8 种,秋季调查捕获甲壳类 7 种。调查海域春季的优势种为口虾蛄、葛氏长臂虾和日本鼓虾;秋季优势种为口虾蛄;从经济价值来看经济价值较高的为四种,占种类数的 44.44%,经济价值较低的 5 种,占种类数的 55.56%。

（2）甲壳类的渔获组成和渔获量的季节变化

①春季

春季（6 月）共捕获甲壳类 8 种,其中虾类 5 种,蟹类 2 种,口足类 1 种;平均渔获量为 701 尾/h,6.33kg/h。其优势种为口虾蛄、日本鼓虾、葛氏长臂虾。甲

壳类生物量范围在 $1.20 \sim 16.92 kg/h$ 之间,最高的是 8 号站,其次为 9 号站,最低的是 6 号站。

表 6-11

甲壳类名录

序号	中文名	目	科	2015 年 6 月	2015 年 10 月
1	中国对虾(Fenneropenaeus chinensis)		对虾科		√
2	鲜明鼓虾(Alpheus heterocarpus)			√	√
3	日本鼓虾(Alpheus japonicus)		鼓虾科	√	√
4	葛氏长臂虾(Palaemon gravieri)	十足目		√	√
5	褐虾(Crangon crangon)		长臂虾科	√	
6	红条鞭腕虾(Lysmata vittata)		褐虾科	√	
7	三疣梭子蟹(Portunus trituberculatus)		藻虾科	√	√
8	日本蟳(Charybdis japonica)		梭子蟹科	√	√
9	口虾蛄(Oratosquilla oratoria)	口足目	虾蛄科	√	√

根据渔获物分析,虾类幼体的尾数占总尾数的 22.46%,为 155 尾/h,生物量为 0.38kg/h,虾类成体为 535 尾/h,生物量为 5.47kg/h;蟹类均为成体为 11 尾/h,生物量为 0.48kg/km^2。

②秋季

秋季(10 月)共捕获甲壳类 7 种,其中虾类 5 种,蟹类 2 种,口足类 1 种;甲壳类平均渔获量 541 尾/h,10.32kg/h。优势种为口虾蛄、三疣梭子蟹。甲壳类生物量范围在 $1.02 \sim 31.26 kg/h$ 之间,12 号站最高,其次 10 号站,2 号站最低。

根据渔获物分析,本次调查中虾类幼体的尾数占总尾数的 20.61%,为 100 尾/h,生物量为 0.33kg/h,虾类成体为 385 尾/h,生物量为 4.59kg/h,蟹类幼体的尾数占总尾数的 12.11%,为 7 尾/h,生物量为 0.28kg/km^2。

(3)甲壳类资源量评估

春季(6 月)共捕获甲壳类 8 种,平均渔获量为 701 尾/h,6.33kg/h;其中,虾类幼体的尾数为 155 尾/h,生物量为 0.38kg/h,虾类成体为 155 尾/h,生物量为 4.54kg/h;蟹类均为成体为 11 尾/h,生物量为 0.48kg/km^2。经换算虾类成体平均资源密度为 94.58kg/km^2,幼体为 3230 尾/km^2;蟹类均为成体资源密度为 10.00kg/km^2。

秋季(10 月)共捕获甲壳类 7 种,甲壳类平均渔获量 541 尾/h,10.32kg/h;其中虾类幼体的尾数为 100 尾/h,生物量为 0.33kg/h,虾类成体的尾数为 385 尾/h,生物量为 4.59kg/h;蟹类幼体为 7 尾/h,生物量为 0.28kg/km^2,成体为

49 尾/h,生物量为 5.12kg/h。经换算虾类成体平均资源密度为 95.62kg/km²,幼体为 2083 尾/km²;蟹类成体资源密度为 106.77kg/km²,幼体为 146 尾/km²。

根据调查结果,虾类成体资源密度全年平均值为 95.60kg/km²,幼体资源密度全年平均值为 2657 尾/km²;蟹类成体资源密度全年平均值为 58.39kg/km²,幼体资源密度全年平均值为 73 尾/km²。

二、天津海域渔业资源概况

本节搜集了 2015 年 10 月 22 日—10 月 29 日(秋季)及 2016 年 5 月 22 日—5 月 29 日(春季)曹妃甸西南侧天津海域的渔业资源现状调查资料,共设 12 个渔业资源调查站位。

1. 鱼卵仔稚鱼

(1)种类组成

2016 年 5 月调查共鉴定鱼卵、仔稚鱼 15 种,其中鱼卵 8 种,仔稚鱼 10 种。鉴定的 8 种鱼卵,隶属于 5 科 6 属,其中鳀科 3 种,鳀科 2 种,其他为鲻科、舌鳎科和鲅科;10 种仔稚鱼隶属于 5 科 10 属,其中鰕虎鱼科 4 种,石首鱼科 2 种,鳀科 2 种,其他为鳀科和鲻科(表 6-12)。

2016 年 5 月鱼卵及仔稚鱼组成表　　　　　　表 6-12

种名	所属科	鱼卵	仔稚鱼
斑鰶	鳀科	√	√
青鳞小沙丁鱼	鳀科	√	
鳀科 sp.	鳀科	√	
赤鼻棱鳀	鳀科	√	√
鳀科 sp.	鳀科	√	
黄鲫	鳀科		√
鲅	鲻科	√	√
矛尾复鰕虎鱼	鰕虎鱼科		√
纹缟鰕虎鱼	鰕虎鱼科		√
鰕虎鱼科 sp.	鰕虎鱼科		√
钝尖尾鰕虎鱼	鰕虎鱼科		√
石首鱼科 sp.	石首鱼科		√
小黄鱼	石首鱼科		√
短吻红舌鳎	舌鳎科	√	
蓝点马鲛	鲅科	√	

2015 年 10 月 22 日—10 月 29 日，属深秋季节，未捕获到鱼卵仔稚鱼。

（2）数量及分布

2016 年 5 月调查鱼卵及仔稚鱼密度分布情况见表 6-12。鱼卵密度范围为 $0 \sim 3.23$ 粒/m^3，平均值为 0.81 粒/m^3，最高值在 9 号站，其次为 11 号站；1、2、5、6、8、10 和 12 号站未采到鱼卵。鱼卵密度组成来看，梭鱼鱼卵密度最大，为 0.45 粒/m^3，占 55.56%；其次为斑鰶卵，密度为 0.31 粒/m^3，占 38.27%；其次为蓝点马鲛卵，密度为 0.08 粒/m^3，占 9.88%。

仔稚鱼密度范围为 $0 \sim 2.94$ 尾/m^3，平均值为 1.11 尾/m^3，最高值在 3 号站，最低值在 1 号站、7 号站和 12 号站。仔稚鱼密度组成来看，斑鰶密度最大为 0.65 尾/m^3，占 58.62%；鰕虎鱼科 sp. 密度为 0.15 尾/m^3，占 13.51%；钝尖尾鰕虎鱼仔稚鱼密度为 0.13 尾/m^3，占 11.71%；矛尾复鰕虎鱼仔稚鱼密度为 0.12 尾/m^3，占 10.81%；鲅密度为 0.06 尾/m^3，占 5.41%。

2. 鱼类资源

（1）种类组成

①春季

2016 年 5 月调查共捕获鱼类 14 种，隶属 5 目 8 科 14 属（表 6-13）。

鱼类种名录　　　　　　　　　　　　　　　　　　　　　　　表 6-13

序号	名称	目	科
1	焦氏舌鳎（Cynoglossus joyneri）	鲽形目	舌鳎科
2	斑鰶（Konosirus punctatus）	鲱形目	鲱科
3	黄鲫（Setipinna taty）		鳀科
4	赤鼻棱鳀（hryssa kammalensis）		
5	叫姑（Johnius belengerii）		石首鱼科
6	小黄鱼（Pseudosciaena polyactis）		
7	六丝钝尾虾虎鱼（Chaeturichthys hexanema）	鲈形目	鰕虎鱼科
8	斑尾复虾虎鱼（Synechogobius hasta）		
9	钟馗鰕虎鱼（Triaenopogon barbatus）		
10	红狼牙鰕虎鱼（Odontamblyopus rubicundus）		
11	矛尾刺鰕虎鱼（Acanthogobius hasta）		
12	方氏云鳚（Enedrias fangi）	鲉形目	锦鳚科
13	鲬（Platycephalus indicus）		鲬科
14	尖海龙（Syngnathus acus Linnaeus）	海龙目	海龙科

所捕获的 14 种鱼类中,暖水性鱼类有 4 种,占鱼类种数的 28.57%,暖温性鱼类有 10 种,占 71.43%;按栖息水层分,底层鱼类有 12 种,占鱼类种数的 85.71%,中上层鱼类有 2 种,占 14.29%。按越冬场分,渤海地方性鱼类有 7 种,占鱼类种数的 50.00%,长距离洄游性鱼类有 7 种,占 50.00%。按经济价值分,经济价值较高的有 4 种,占鱼类种数的 28.58%,经济价值一般的有 5 种,占 35.71%,经济价值较低有 5 种,占 35.71%(表 6-14)。

鱼类种类组成表　　　　　　　　　　　　　　　　表 6-14

种名	经济价值			水层		适温性			越冬场		
	较高	一般	较低	中上层	底层	暖水性	暖温性	冷温性	渤海	黄海	东海
焦氏舌鳎		+			+		+		+		
斑鰶		+		+		+				+	
黄鲫		+		+		+				+	
赤鼻棱鳀			+	+		+				+	
叫姑鱼	+				+		+			+	
小黄鱼	+				+		+			+	
六丝钝尾虾虎鱼			+		+		+		+		
斑尾复虾虎鱼			+		+		+		+		
钟馗鰕虎鱼			+		+		+		+		
红狼牙鰕虎鱼			+		+		+		+		
矛尾刺鰕虎		+			+		+		+		
方氏云鳚			+		+		+		+		
鲬	+				+		+			+	
尖海龙		+			+	+			+		
合计	3	5	6	3	11	5	9	0	8	6	0

②秋季

2015 年 10 月调查共捕获鱼类 14 种,隶属 5 目 9 科 14 属。鱼类种名录见表 6-15。

所捕获的 14 种鱼类中,暖水性鱼类有 4 种,占鱼类种数的 28.57%,暖温性鱼类有 10 种,占 71.43%;按栖息水层分,底层鱼类有 12 种,占鱼类种数的 85.71%,中上层鱼类有 2 种,占 14.29%。按越冬场分,渤海地方性鱼类有 7 种,占鱼类种数的 50.00%,长距离洄游性鱼类有 7 种,占 50.00%。按经济价值分,经济价值较高的有 4 种,占鱼类种数的 28.58%,经济价值一般的有 5 种,占 35.71%,经济价值较低的有 5 种,占 35.71%,鱼类种类组成见表 6-16。

鱼类种名录 表6-15

序号	名称	目	科
1	焦氏舌鳎（Cynoglossus joyneri）	鲽形目	舌鳎科
2	斑鰶（Konosirus punctatus）	鲱形目	鲱科
3	黄鲫（Setipinna taty）		鳀科
4	小带鱼（Trichiurus muticus）		带鱼科
5	叫姑（Johnius belengerii）		石首鱼科
6	小黄鱼（Pseudosciaena polyactis）		
7	六丝钝尾虾虎鱼（Chaeturichthys hexanema）	鲈形目	
8	斑尾复虾虎鱼（Synechogobius hasta）		
9	凹鳍孔鰕虎鱼（Ctenotrypauchen chinensis）		鰕虎鱼科
10	钝尖尾鰕虎鱼（Chaeturichthys stigmatias）		
11	矛尾刺鰕虎鱼（Acanthogobius hasta）		
12	方氏云鳚（Enedrias fangi）		锦鳚科
13	鲬（Platycephalus indicus）	鲉形目	鲬科
14	红鳍东方鲀（Tetraodontiformes）	鲀形目	鲀科

鱼类种类组成表 表6-16

种名	经济价值			水层		适温性			越冬场		
	较高	一般	较低	中上层	底层	暖水性	暖温性	冷温性	渤海	黄海	东海
焦氏舌鳎		+			+		+		+		
斑鰶		+		+		+				+	
黄鲫		+		+		+				+	
小带鱼		+			+		+			+	
叫姑鱼	+				+	+				+	
小黄鱼	+				+		+			+	
六丝钝尾虾虎鱼			+		+		+		+		
斑尾复虾虎鱼			+		+		+		+		
凹鳍孔鰕虎鱼			+		+		+		+		
钝尖尾鰕虎鱼			+		+		+		+		
矛尾刺鰕虎		+			+		+		+		
鲬	+				+		+			+	
红鳍东方鲀	+				+	+				+	
方氏云鳚			+		+		+		+		
合计	4	5	5	2	12	4	10	0	7	7	0

（2）渔获物组成、优势种和渔获量

①春季

2016 年 5 月调查共捕获鱼类 14 种,其平均渔获密度为 584 尾/h,平均渔获量为 7.27kg/h。从鱼类密度组成来看,优势种为钝尖尾鰕虎鱼最高,密度为 270 尾/h,占渔获总尾数的 46.23%。

鱼类生物密度 11 站位最高,为 840 尾/h;其次为 10 号站位,为 782 尾/h;1 号站位最低,为 328 尾/h;鱼类生物量 9 号站最高,生物量为 10.21kg/h,其次为 12 号站,为 9.27kg/h,7 号站最低,生物量为 4.27kg/h。

根据渔获物分析,幼鱼占鱼类总渔获尾数的 33.23%,为 94 尾/h,生物量为 0.32kg/h;成鱼为 490 尾/h,6.95kg/h。

②秋季

2015 年 10 月调查共捕获鱼类 14 种,其平均渔获密度为 69 尾/h,平均渔获量为 1.11kg/h。从鱼类密度组成来看,优势种为钝尖尾鰕虎鱼最高,密度为 32 尾/h,占渔获总尾数的 46.38%。

鱼类生物密度 3 站位最高,为 271 尾/h;其次为 4 号站位,为 248 尾/h;5 号站位最低,为 36 尾/h;鱼类生物量 3 号站最高,生物量为 2.71kg/h,其次为 4 号站,为 2.52kg/h,5 号站最低,生物量为 0.52kg/h。

根据渔获物分析,幼鱼占鱼类总渔获尾数的 24.64%,为 34 尾/h,生物量为 0.124kg/h;成鱼为 52 尾/h,2.096kg/h。

（3）鱼类资源数量及评估

2016 年 5 月共捕获鱼类 14 种,其平均渔获密度为 584 尾/h,平均渔获量为 7.27kg/h;其中幼鱼为 94 尾/h,生物量为 0.32kg/h;成鱼为 6.95kg/h。换算为鱼类资源密度（按 kg/km^2 计算）,幼鱼为 5520 尾/km^2,成鱼为 408.04kg/km^2。

2015 年 10 月共捕获鱼类 14 种,其平均渔获密度为 138 尾/h,平均渔获量为 2.22kg/h;其中幼鱼为 34 尾/h,生物量为 0.124kg/h;成鱼为 2.096kg/h。换算为鱼类资源密度（按 kg/km^2 计算）,幼鱼为 1836 尾/km^2,成鱼为 113.18kg/km^2。

3. 甲壳类

（1）种类组成及优势种

①春季

2016 年 5 月调查海域共捕获甲壳类 7 种(表 6-17),隶属 2 目 6 科,其中虾类 4 种,蟹类 3 种。调查海域甲壳类的优势种为口虾蛄和日本蟳。

甲壳类种名录   表6-17

中文名	拉丁文名	所属科
葛氏长臂虾	Palaemon gravieri	长臂虾科
日本鼓虾	Alpheus japonicus	鼓虾科
鲜明鼓虾	Alpheus distinguendus	鼓虾科
口虾蛄	Oratosquilla oratoria	虾蛄科
日本蟳	Charybdis japonica	梭子蟹科
日本关公蟹	Dorippe japonica	关公蟹科
隆线强蟹	Eucrata crenata de Haan	长脚蟹科

②秋季

2015年10月调查海域共捕获甲壳类6种(表6-18),隶属2目5科,包括虾类4种,蟹类2种。调查海域夏季甲壳类的优势种依次为口虾蛄和日本蟳。

甲壳类种名录   表6-18

中文名	拉丁文名	所属科
葛氏长臂虾	Palaemon gravieri	长臂虾科
日本鼓虾	Alpheus japonicus	鼓虾科
南美白对虾	Penaeus vannamei	对虾科
口虾蛄	Oratosquilla oratoria	虾蛄科
日本蟳	Charybdis japonica	梭子蟹科
三疣梭子蟹	Poryunus trituberculatus	梭子蟹科

(2)渔获组成和渔获量

2016年5月共捕获甲壳类7种,平均渔获484尾/h,平均渔获量2.97kg/h;其中虾类平均渔获441尾/h,平均渔获量2.42kg/h;蟹类平均渔获43尾/h,平均渔获量0.55kg/h。根据渔获物分析,2016年5月虾类幼体的尾数占总尾数的29.48%,为130尾/h,虾类幼体平均生物量为0.14kg/h,虾类成体生物量为2.28kg/h;蟹类幼体渔获尾数占蟹类总捕获尾数的32.56%,为14尾/h,蟹类幼体生物量平均为0.03kg/h,蟹类成体生物量平均为0.52kg/h。

2015年10月共捕获甲壳类6种,平均渔获143尾/h,平均渔获量2.92kg/h;其中虾类平均渔获107尾/h,平均渔获量2.00kg/h;蟹类平均渔获36尾/h,平均渔获量0.92kg/h。根据渔获物分析,秋季虾类幼体的尾数占总尾数的19.23%,为20尾/h,虾类幼体平均生物量为0.12kg/h,虾类成体生物量为1.88kg/h;蟹类幼体渔获尾数占蟹类总捕获尾数的19.44%,为7尾/h,蟹类幼体生物量平均为 0.079kg/h,蟹类成体生物量平均为 0.841kg/h。

（3）甲壳类资源量评估

2016 年 5 月共捕获甲壳类 7 种,平均渔获量为 484 尾/h,2.97kg/h;平均资源密度为 174.28kg/km²,28401 尾/km²。其中:虾类成体为 133.79kg/km²,蟹类成体为 30.51kg/km²;虾类幼体为 7629 尾/km²,蟹类幼体为 822 尾/km²。

2015 年 10 月共捕获甲壳类 6 种,平均渔获量为 136 尾/h,2.92kg/h;平均资源密度为 157.67kg/km²,7344 尾/km²。其中:虾类成体为 101.51kg/km²,蟹类成体为 45.41kg/km²;虾类幼体为 1080 尾/km²,蟹类幼体为 378 尾/km²。

4. 头足类

（1）种类组成及优势种

2016 年 5 月共捕获头足类 2 种,为火枪乌贼、长蛸,均经济价值较高,见表 6-19。优势种为火枪乌贼。

头足类种名录 　　　　　表 6-19

序号	中文名	拉丁文名	所属科
1	火枪乌贼	Loligo beka	枪乌贼科
2	长蛸	Octopus variabilis	章鱼科

2015 年 10 月共捕获头足类 3 种,分别为火枪乌贼、长蛸和短蛸,均经济价值较高,见表 6-20。优势种为火枪乌贼。

头足类种名录 　　　　　表 6-20

序号	中文名	拉丁文名	所属科
1	火枪乌贼	Loligo beka	枪乌贼科
2	长蛸	Octopus variabilis	章鱼科
3	短蛸	Octopus ocellatus	章鱼科

（2）渔获组成和渔获量

2016 年 5 月调查头足类渔获尾数波动范围为 0～64 尾/h,平均值为 14 尾/h,渔获量波动范围为 0～1.30kg/h,平均值为 0.46kg/h。根据渔获物分析,头足类幼体尾数占总尾数的 35.71%,为 5 尾/h,生物量为 0.053kg/h。成体头足类资源的平均渔获量 9 尾/h,0.407kg/h。

2015 年 10 月调查头足类渔获尾数波动范围为 899～4466 尾/h,平均值为 2239 尾/h,渔获量波动范围为 6.22～25.34kg/h,平均值为 13.46kg/h。根据渔获物分析,头足类幼体尾数占总尾数的 28.63%,为 641 尾/h,生物量为 1.51kg/h。成体头足类资源的平均渔获量 1598 尾/h,11.95kg/h。

（3）头足类资源量评估

2016 年 5 月共捕获头足类 2 种，平均渔获量 14 尾/h，0.46kg/h，头足类平均资源密度（按 kg/km² 计算）27.00kg/km²，其中成体为 23.88kg/km²，幼体为 293 尾/km²。

2015 年 10 月共捕获头足类 3 种，平均渔获量 2239 尾/h，13.46kg/h，头足类平均资源密度（按 kg/km² 计算）726.78kg/km²，其中成体为 645.25kg/km²，幼体为 34611 尾/km²。

第三节　本工程海域与邻近海域的渔业资源比较分析

一、工程海域与邻近海域渔业资源种类统计

经统计，工程所在曹妃甸海域同期历史资料，调查期间共出现鱼类 25 种，甲壳类 10 种，头足类 3 种；京唐港海域共出现鱼类 27 种，甲壳类 9 种，头足类种 4 种；天津海域共出现鱼类 18 种，甲壳类 7 种，头足类种 3 种。

曹妃甸海域与京唐港、天津港渔业资源种类有较强的相似性，曹妃甸海域与京唐港海域均有出现的鱼类 18 种，均有出现的甲壳类 8 种，均有出现的头足类 3 种；曹妃甸海域与天津海域均有出现的鱼类 11 种，均有出现的甲壳类 6 种，均有出现的头足类 2 种（表 6-21）。

工程海域与邻近海域渔业生物种类统计

表 6-21

种类	生物	曹妃甸海域	京唐港海域	天津海域
鱼类	青鳞鱼	+	+	
	斑鰶	+	+	+
	鳀	+	+	
	赤鼻棱鳀	+	+	+
	黄鲫	+	+	+
	大银鱼	+	+	
	花鲈	+		
	叫姑鱼	+	+	+
	小黄鱼	+		+
	真鲷	+		
	方氏云鳚	+	+	+
	绵鳚	+	+	
	短鳍衔	+	+	
	银鲳	+		

续上表

种类	生物	曹妃甸海域	京唐港海域	天津海域
鱼类	矛尾刺鰕虎鱼	+	+	+
	尖尾鰕虎鱼	+	+	
	钟馗鰕虎鱼	+	+	+
	丝鰕虎鱼		+	
	凹鳍孔鰕虎鱼	+	+	+
	油舒	+		
	黑鲷	+		
	鲬	+	+	+
	长蛇鲻	+		
	焦氏舌鳎	+	+	+
	红鳍东方鲀	+		+
	黄鲅鱇	+	+	
	白姑鱼		+	
	裸项栉鰕虎鱼		+	
	细纹狮子鱼		+	
	六丝钝尾虾虎鱼			+
	斑尾复虾虎鱼			+
	红狼牙鰕虎鱼			+
	尖海龙			+
	钝尖尾鰕虎鱼			+
	小带鱼		+	+
	大泷六线鱼		+	
	许氏平鲉		+	
	半滑舌鳎		+	
	假晴东方鲀		+	
	安氏新银鱼		+	
头足类	日本枪乌贼	+	+	
	短蛸	+	+	+
	长蛸	+	+	+
	双喙耳乌贼		+	

种类	生物	曹妃甸海域	京唐港海域	天津海域
头足类	火枪乌贼			+
甲壳类	中国对虾	+	+	
	南美白对虾	+		
	鹰爪糙对虾	+		
	鲜明鼓虾	+	+	+
	日本鼓虾	+	+	+
	葛氏长臂虾	+	+	+
	褐虾	+	+	
	三疣梭子蟹	+	+	
	日本蟳	+	+	+
	口虾蛄	+	+	+
	日本关公蟹			+
	隆线强蟹			+
	红条鞭腕虾		+	

二、相似性指数计算

从相似性指数来看(Jaccard 指数,表6-22),本工程调查海域较其他海域各类群的种类相似性较高,各类群平均相似率均在40%以上。其中,鱼类与京唐港和天津海域相似性指数分别为48.6%和36.4%,甲壳类与京唐港和天津海域相似性指数分别为72.7%和45.5%,头足类与京唐港和天津海域相似性指数分别为75.0%和40%。可见本工程调查海域渔业资源种类在渤海湾其他海域均有较高的相似性。

本工程与周边邻近海域种类相似度　　　　　　　表6-22

类别	海域	鱼类	甲壳类	头足类	总计
工程与邻近各区域游泳动物种类数	曹妃甸	25	10	3	38
	京唐港	27	9	4	40
	天津	18	7	3	28
工程调查海域与其他海域共有种数	与京唐港	17	8	3	28
	与天津	12	5	2	19
Jaccard 相似性指数	与京唐港	48.6%	72.7%	75.0%	56.0%
	与天津	36.4%	45.5%	40.0%	38.8%
	平均	42.5%	59.1%	57.5%	47.4%

三、工程所在海域渔业资源的可替代性分析

由前文分析可知,工程所在区域与邻近京唐港、天津海域相邻。分析工程所在渔场水域渔业资源的可替代性,首先需要分析、比较工程所在渔场和其他邻近海域渔场的生态环境,是否具有唯一性;其次应分析工程所在渔场的渔业资源种类组成与周边渔场相比是否具有唯一性。

由于本工程所在海域的生态环境和京唐港、天津海域环境基本相同,都属于同一的渤海湾渔场。因此,工程所在海域的生态环境和京唐港、天津海域的生态环境具有相似性,不具有唯一性。依据的现场调查结果,尚需要分析、判断本工程海域渔业资源种类组成和京唐港、天津渔业资源种类组成的相似性。

1. 不同海域鱼卵、仔鱼种类组成比较

本工程调查水域 2017 年 5 月共发现鱼卵 6 种,隶属于 4 目 6 科,优势种为鳀鱼和斑鰶。

2015 年春季京唐港水域共检出鱼卵 5 科 8 种,优势种为斑鰶、鳀鱼。

2016 春季调查中,天津水域共获鱼卵 8 种,隶属于 5 科 6 属,其中鲱科 3 种,鳀科 2 种,其他为鲻科、舌鳎科和鲅科;优势种为梭鱼、斑鰶。

总的来看,本工程调查出现的鱼卵仔鱼种类在邻近的其他海域都有出现。

2. 不同海域游泳动物种类组成比较

（1）种类组成相似性分析

本工程调查水域较其他水域各类群的种类相似性较高,各类群平均相似率均在 40% 以上。其中,鱼类与京唐港和天津水域相似性指数分别为 48.6% 和 36.4%,甲壳类与京唐港和天津水域相似性指数分别为 72.7% 和 45.5%,头足类与京唐港和天津水域相似性指数分别为 75.0% 和 40%。可见,本工程调查水域渔业资源种类在渤海湾其他水域均有较高的相似性。

（2）优势种相似性分析

曹妃甸海域鱼类优势种主要有尖尾鰕虎鱼和焦氏舌鳎;甲壳类优势种主要有三疣梭子蟹、口虾蛄、葛氏长臂虾、日本蟳;头足类优势种主要有日本枪乌贼、短蛸。

京唐港海域鱼类优势种主要有尖尾鰕虎鱼、黄鲫、焦氏舌鳎、小黄鱼等;甲壳类优势种主要有三疣梭子蟹、口虾蛄;头足类优势种主要有日本枪乌贼。

天津海域鱼类优势种主要有钝尖尾鰕虎鱼;甲壳类优势种主要有口虾蛄和日本蟳;头足类优势种主要有火枪乌贼。

另外,对比优势种中经济物种分析来看,曹妃甸调查海域的主要优势经济物

种在其他周边邻近海域基本均有出现,如鱼类的尖尾鰕虎鱼和焦氏舌鳎,甲壳类的三疣梭子蟹、口虾蛄、日本蟳,头足类的日本枪乌贼,这些调查海域出现的经济优势种在其他邻近海域都有出现,且在其他海域同样为优势种,因此也能得到一定的优势补充。可见,本工程海域经济物种在其他海域可以得到补充。

3. 本工程海域渔业资源可替代性分析结论

根据历史资料,比较工程所在海域及周边邻近海域(包括京唐港、天津)的渔业资源调查数据可以发现,鱼卵仔鱼方面,本工程调查出现的鱼卵仔鱼种类在其他邻近海域基本都有出现,比如鳀鱼和斑鰶。总的来看,本工程调查海域和周边邻近海域鱼卵仔鱼种类组成非常相似。

就游泳动物调查结果而言:

(1)本工程调查海域较其他海域各类群的种类相似性较高,各类群平均相似率均在40%以上。其中,鱼类与京唐港和天津海域相似性指数分别为48.6%和36.4%,甲壳类与京唐港和天津海域相似性指数分别为72.7%和45.5%,头足类与京唐港和天津海域相似性指数分别为75.0%和40%。可见,本工程调查海域渔业资源种类在渤海湾其他海域均有较高的相似性。

(2)对比优势种中经济物种分析来看,曹妃甸调查海域的主要优势经济物种在其他周边邻近海域基本均有出现,如鱼类的尖尾鰕虎鱼和焦氏舌鳎,甲壳类的三疣梭子蟹、口虾蛄、日本蟳,头足类的日本枪乌贼,这些调查海域出现的经济优势种在其他邻近水域都有出现,且在其他海域同样为优势种,因此也能得到一定的优势补充。可见,本工程海域经济物种在其他海域可以得到补充。

综上,这些海域间渔业资源种类应具有可替代性,也就是说受本工程水域影响的渔业资源及渔场环境,可以由周边水域同种渔场环境部分替代,而不至于造成渔场消失,本工程所在海域的渔场环境和渔业资源具有可替代性。

第七章 排污口污水排放环境影响预测

第一节 数学模型的建立与验证

分析预测采用水流数学模型方法,在 MIKE21 模型的基础上建立二维潮流数学模型。MIKE21 是专业的二维自由水面流动模拟系统工程软件包,适用于湖泊、河口、海湾和海岸地区的水力及其相关现象的平面二维仿真模拟,MIKE21 采用标准的二维模拟技术为设计者提供独特灵活的仿真模拟环境。

一、潮流数学模型的建立

(1)潮流运动方程

连续方程:

$$\frac{\partial \zeta}{\partial t} + \frac{\partial}{\partial x}\left[(h+\zeta)u \right] + \frac{\partial}{\partial y}\left[(h+\zeta)v \right] = 0 \tag{7-1}$$

x 向动量方程:

$$\frac{\partial u}{\partial t} + u\frac{\partial u}{\partial x} + v\frac{\partial u}{\partial y} - fv$$

$$= -g\frac{\partial \zeta}{\partial x} + \frac{\partial}{\partial x}\left(N_x \frac{\partial u}{\partial x} \right) + \frac{\partial}{\partial y}\left(N_y \frac{\partial u}{\partial y} \right) - f_b \frac{\sqrt{u^2+v^2}}{h+\zeta}u \tag{7-2}$$

y 向动量方程:

$$\frac{\partial v}{\partial t} + u\frac{\partial v}{\partial x} + v\frac{\partial v}{\partial y} + fu$$

$$= -g\frac{\partial \zeta}{\partial y} + \frac{\partial}{\partial x}\left(N_x \frac{\partial v}{\partial x} \right) + \frac{\partial}{\partial y}\left(N_y \frac{\partial v}{\partial y} \right) - f_b \frac{\sqrt{u^2+v^2}}{h+\zeta}v \tag{7-3}$$

式中:ζ——相对某一基面的水位,m;

h——相对某一基面的水深,m;

N_x——x 向水流紊动黏性系数,m^2/s;

N_y——y 向水流紊动黏性系数,m^2/s;

f——科氏系数;

f_b——底部摩阻系数。

（2）边界条件

在本节采用的数值模式中,需给定两种边界条件,即闭边界条件和开边界条件。

开边界条件:所谓开边界条件即水域边界条件。在此边界上,或者给定流速,或者给定潮位。

闭边界条件:所谓闭边界条件即水陆交界条件。在该边界上,水质点的法向流速为0。

模型在计算过程中在空间上采用交替方向隐式迭代法(ADI方法)、在时间上采用中心差分法对质量及动量守恒方程进行积分求解。

二、预测模型的建立

1.计算范围和边界潮位选取

为了保证局部流场计算符合潮流场的整体物理特性,采用双层嵌套方式进行计算,模型分别为渤海大区域和工程附近区域。在潮流计算模型的开边界采用潮位控制,边界潮位采用边界处各分潮调和常数取得:

$$\eta(t) = \sum_{i=1}^{n} H_i F_i \cos[\sigma_i t + (V_0 + u)_l - g_i]$$

式中:$n = 8$;

  F——分潮振幅的改正因子;

  σ——分潮的角速率;

$V_0 + u$——观测期间开始日世界时零时假想天体的位相角;

  H——分潮的潮汐调和常数;

  g——各分潮迟角;

  i——各分潮,本次计算取 M_2、S_2、N_2、K_2、K_1、O_1、P_1、Q_1 共8个分潮。

在渤海潮流计算后,小区域的潮流场计算中潮位边界条件均由上一层模型的计算结果提供;计算采用正方形网格,网格空间步长为120m,工程附近区域进行加密处理,加密网格步长为40m。

2.水文资料

水文资料采用2018年实测资料,其中流速和流向资料为2018年4月18日—19日实测大潮、2018年5月9日—10日实测小潮资料,共有6个潮流站;潮位采用同步潮位站资料,共设2个潮位站。

3.计算工况的确定

本次模型验证中采用2018年实测资料,因此在验模过程中,水深采用最新海图水深资料,岸线来自2017年12月卫星图片资料。

三、潮流场计算结果验证

1.潮位验证

通过预测,分析潮位计算值与实测值,得出对比曲线如图 7-1、图 7-2 所示,验证图中以 2018 年 4 月 16 日 12:00 为验证的零点,水位基准面均换算为平均海平面。通过验证可以看出,计算的水位过程与实测资料吻合较好,计算能反映曹妃甸区域水动力情况。

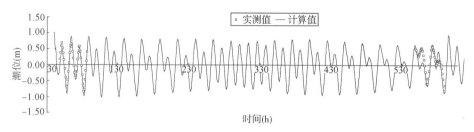

图 7-1　三岛 H1 潮位验证过程线

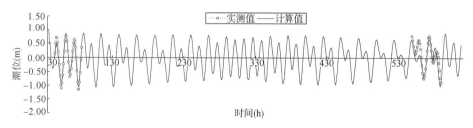

图 7-2　曹妃甸站 H2 潮位验证过程线

2.潮流计算结果验证

流速验证取用曹妃甸海域的 6 个潮流实测点。图 7-3 ～图 7-8 给出了 6 个潮流站的实测值与计算值的比较结果。从图中可以看出,在整个潮周期内,涨潮历时与落潮历时相当;涨潮流流向主要集中出现在 W-N,落潮流流向主要集中出现在 E-SW;计算结果与实测值基本一致,说明本模型能较好地反映实际情况、较准确地预测工程附近海域的水动力特征。

总体上看,所建模型对本海域水动力的模拟较吻合,基本能够反映出工程所以海域的实际情况,可以作为进一步分析计算的基础资料。

四、流场特征

大范围流场见图 7-9 和图 7-10,大潮涨落急流场见图 7-11 和图 7-12 小潮涨落急流场见图 7-13 和图 7-14。

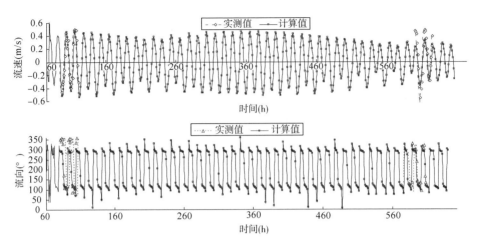

图 7-3 V1 站流速、流向验证

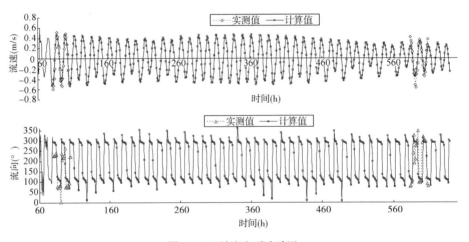

图 7-4 V2 站流速、流向验证

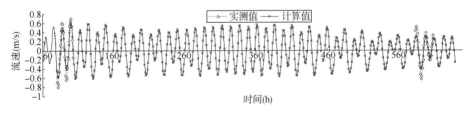

图 7-5

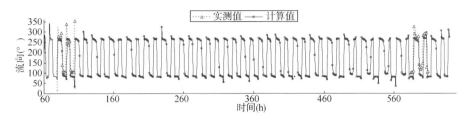

图 7-5　V3 站流速、流向验证

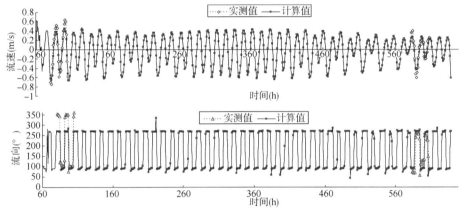

图 7-6　V4 站流速、流向验证

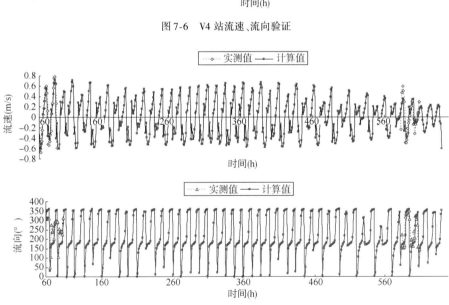

图 7-7　V5 站流速、流向验证

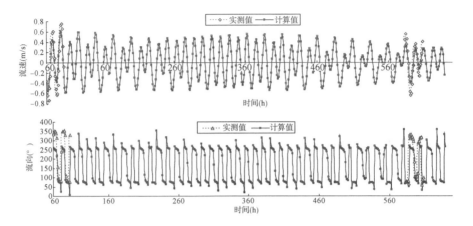

图 7-8　V6 站流速、流向验证

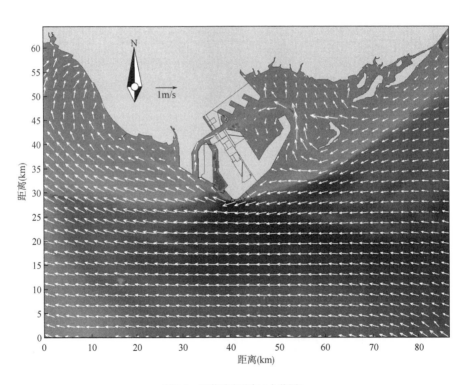

图 7-9　现状涨急流场（大范围）

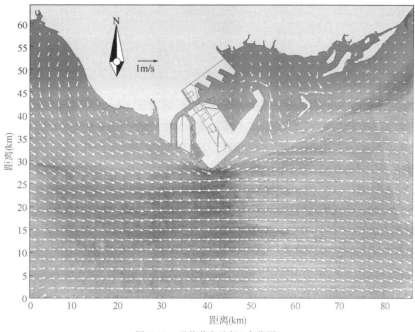

图 7-10　现状落急流场(大范围)

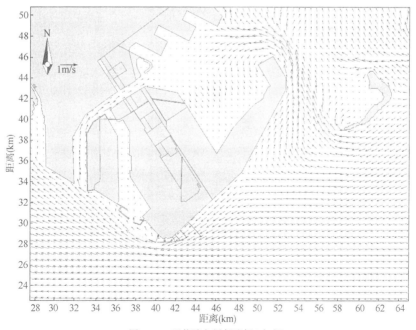

图 7-11　现状涨急局部流场(大潮)

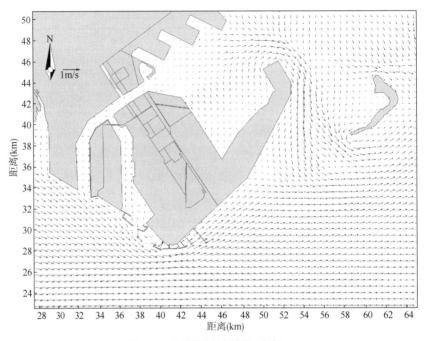

图 7-12 现状落急局部流场(大潮)

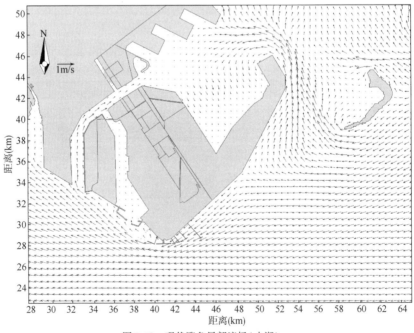

图 7-13 现状涨急局部流场(小潮)

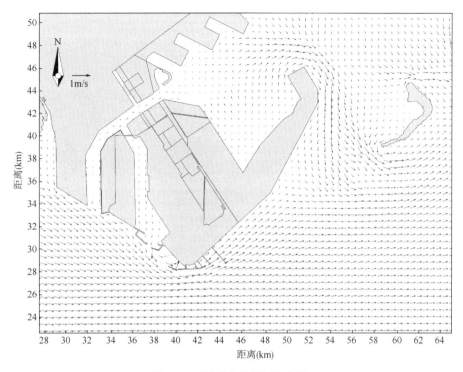

图 7-14　现状落急局部流场(小潮)

从计算数据来看,曹妃甸海域潮流强劲,潮流受地形的影响较为突出,深水区域与浅滩潮流的流速流向差别明显,在深水区潮流流向基本上与海域等高线平行,在浅滩区域以滩地淹没形式的向岸流为主,最大流速 1.20m/s 左右;曹妃甸二港池内流速相对较弱。从大潮和小潮的模拟计算来看,小潮期水流流速比大潮期略小一些,尤其是落潮表现较为突出。

本工程为管道工程,工程建设前后基本不会改变原来海底地形地貌,因此工程建设前后对海域水动力条件基本没有影响,另外根据排海口附近流态矢量图排海口附近水动力条件较强,因此污染物排放后受水流和水深地形的综合影响扩散充分,降低达标尾水对近岸区域对水环境的影响。

第二节　排污口污染物扩散影响预测

一、扩散影响预测模式

预测模式采用污染物扩散模型,即扩散方程与前述二维潮流数学模型联解,即可得到污染物浓度分布。

121

污染物扩散方程如下：

$$\frac{\partial HP}{\partial t} + \frac{\partial HuP}{\partial x} + \frac{\partial HvP}{\partial y} = K_x \frac{\partial^2(HP)}{\partial x^2} + K_y \frac{\partial^2(HP)}{\partial y^2} + M$$

式中：P——污染物浓度；

K_x、K_y——x、y方向的扩散系数；

M——排污口污染物源强；

其他符号含义同前。

1. 石油类排放环境影响预测

石油类的排放浓度为 1.0mg/L，采用污染物扩散方程对石油类扩散进行连续计算，污水排放量按 5.21 万 t/d 计算，则预测源强为 0.603g/s；石油类增量最大浓度影响的预测结果见图 7-15，具体影响范围见表 7-1。选定排放口中心石油类浓度约为 0.0044mg/L。排放口中心浓度叠加环境现状本底值 0.0252mg/L 后约为 0.0296mg/L，低于石油类对海洋生物的安全浓度 0.03mg/L(表 7-1)，因此，曹妃甸工业区入海排污口工程尾水石油类排放不会对工程海域的海洋生物造成明显影响。

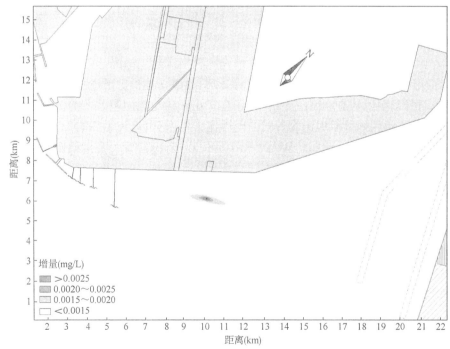

图 7-15　石油增量影响范围图

石油类影响范围预测结果统计　　　　表 7-1

排污口中心 计算浓度（mg/L）	不同增量浓度最大可能影响面积（hm²）		
	>0.0025mg/L	>0.002mg/L	>0.0015mg/L
0.0044	4.36	12.67	46.40

2. 丙烯腈排放环境影响预测

采用污染物扩散方程对丙烯腈扩散进行连续计算污水排放量按 5.21 万 t/d 计算，排放浓度为 2.0mg/L，则预测源强为 1.21g/s；丙烯腈增量最大浓度影响的预测结果见图 7-16，具体影响范围见表 7-2。选定排放口中心浓度约为 0.008mg/L，排放口中心浓度叠加环境现状本底值后，远低于丙烯腈对海洋生物的安全浓度 0.0516mg/L（表 7-2）。因此，曹妃甸工业区入海排污口工程尾水丙烯腈排放不会对工程海域的海洋生物造成明显影响。

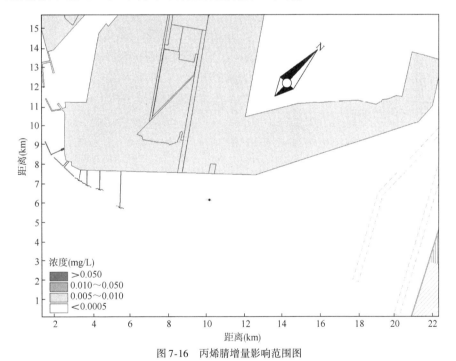

图 7-16　丙烯腈增量影响范围图

丙烯腈影响范围预测结果统计（hm²）　　　　表 7-2

排污口中心 计算浓度（mg/L）	不同浓度最大可能影响面积（hm²）		
	>0.05mg/L	>0.01mg/L	>0.005mg/L
0.008	—	—	3.39

3. 氰化物排放环境影响预测

氰化物的排放浓度为 0.3mg/L,采用污染物扩散方程对氰化物扩散进行连续计算,污水排放量按 5.21 万 t/d 计算,则预测源强为 0.181g/s;污染物增量最大浓度影响的预测结果见图 7-17,具体影响范围见表 7-3。选定排放口中心浓度约为 0.0013mg/L,叠加环境现状本底值后,远低于氰化物对海洋生物的安全浓度 0.007mg/L(表 7-3)。因此,曹妃甸工业区入海排污口工程尾水氰化物排放不会对工程海域的海洋生物造成明显影响。

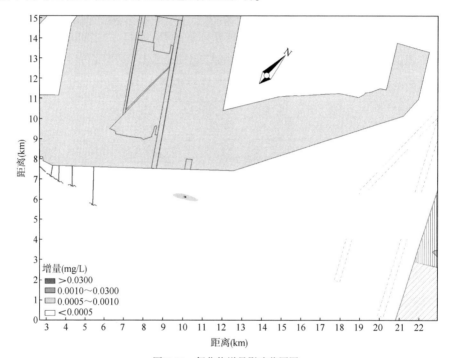

图 7-17 氰化物增量影响范围图

氰化物影响范围预测预测结果统计 表 7-3

排污口中心	不同浓度最大可能影响面积(hm²)		
计算浓度(mg/L)	> 0.03mg/L	> 0.001mg/L	> 0.0005mg/L
0.0013	—	0.74	28.12

4. 二甲苯排放环境影响预测

采用污染物扩散方程对二甲苯扩散进行连续计算,污水排放量按 5.21 万 t/d 计算,排放浓度为 0.2mg/L,预测源强 0.121g/s;二甲苯增量最大浓度影响的预测结果见图 7-18,具体影响范围见表 7-4。选定排放口中心浓度约为 0.0009mg/L,叠加环境现状本底值后,远低于二甲苯对海洋生物的安全浓度0.11mg/L(表7-4)。因此,曹妃甸工业区入海排污口工程尾水二甲苯排放不会对工程海域的海洋生物造成明显影响。

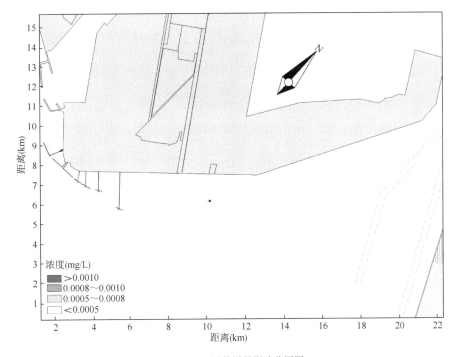

图7-18　二甲苯增量影响范围图

二甲苯影响范围预测预测结果统计　　　　　　　　　　　　　表7-4

排污口中心 计算浓度(mg/L)	不同浓度最大可能影响面积(hm²)		
	>0.001mg/L	>0.0008mg/L	>0.0005mg/L
0.0009	—	—	3.78

5. 苯排放环境影响预测

苯的排放浓度均为0.1mg/L,采用污染物扩散方程对苯扩散进行连续计算,排放量按5.21万t/d计算,则预测源强为0.0603g/s;苯增量最大浓度影响的预测结果见图7-19,具体影响范围见表7-5。选定排放口中心浓度约为0.00042mg/L,叠加环境现状本底值0.00045mg/L后为0.00087mg/L,远低于苯对海洋生物的安全浓度0.16mg/L(表7-5)。因此,曹妃甸工业区入海排污口工程尾水苯排放不会对工程海域的海洋生物造成明显影响。

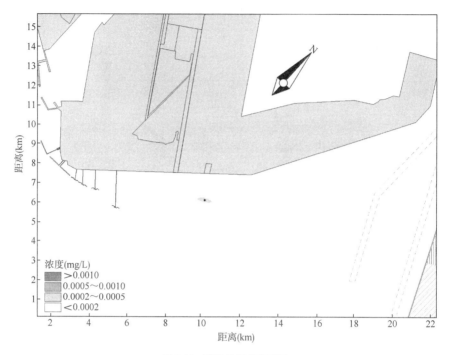

图 7-19　苯增量影响范围图

苯影响范围预测预测结果统计　　　　　　　　表 7-5

排污口中心计算浓度（mg/L）	不同浓度最大可能影响面积（hm²）		
	＞0.001mg/L	＞0.0005mg/L	＞0.0002mg/L
0.00042	—	—	12.42

二、小结

综上，通过污染物扩散方程对苯扩散进行连续计算，曹妃甸工业区入海排污口工程排放口中心各因子浓度（石油类、丙烯腈、氰化物、苯、二甲苯）叠加现状本底值后，均在典型特征污染物因子对水生生物急性毒性的安全浓度范围内，曹妃甸工业区入海排污口工程尾水石油类、丙烯腈、氰化物、苯、二甲苯排放不会对工程海域的海洋生物造成明显影响。

第八章 工程建设对渔业生态影响的风险评价

第一节 主要经济物种"三场一通道"对环境变化的敏感性分析

一、渔场和鱼汛

本工程位置位于渤海湾,而整个渤海湾本身就是黄渤海的主要渔场,由于历史上曾是渤海主要捕捞作业区之一,其渔业资源密度较高,在渤海的渔业生产中占有较为重要的位置。近海渔业资源按分布区域和范围特点划分,基本属于两个生态类型,即地方性资源和洄游性资源。这两种类型分布区域互有交叉,季节性移动趋向基本一致,形成了明显的季节性鱼汛,即春汛和秋汛。春汛资源分布属向岸移动型,秋汛资源分布属向外移动型。

此外,历史上渤海湾还是毛虾和对虾的主要捕获渔场,由于资源严重衰退,近年来该区经济鱼类、毛虾、对虾产量显著下降,已无大的鱼汛。

评价海域处于渤海湾渔场边缘,在渤海的渔业生产中占有一定的位置。在不同季节,各种渔业生物的分布范围和数量变化较大,其鱼汛主要在 4 ~ 10 月。

评价海域所在的渤海湾全年都有鱼类进行产卵繁殖,产卵期有长有短,长者达 7 个月之久,短者为 1 个多月。主要产卵季节为春、夏两季,即 5 ~ 8 月,产卵盛期为 6 月,5 月次之。

确定产卵场和产卵期的主要依据是卵子、前期仔鱼出现的海区、数量和时间,性腺成熟度可作参考。据多年渤海调查卵子和仔鱼总量分布,种类的组成及月变化状况,可认为整个渤海湾就是一个大产卵场。从全年变化情况来看,除11 月至翌年 3 月,其他月份在整个渤海湾和大口河口比邻水域范围内均有鱼卵分布。

冬季产卵的鱼类为冷水性鱼类,冬季有黄盖鲽、绵鳚和细纹狮子鱼在渤海湾产卵,主要产卵场为湾口和大口河口较深水处。

二、主要经济物种"三场一通道"分布

春季从 4 月开始,大量的洄游性鱼类开始进入渤海,梭鱼和六丝尖尾鰕虎鱼等少数种类在 4 月开始产卵,大多数鱼类的产卵期为 5 ~ 8 月,如蓝点马鲛、银

鲳、小黄鱼、真鲷、鲕鱼、多鳞鱚、鳀鱼、斑鰶、叫姑鱼、白姑鱼、棘头梅童、黑鳃梅童、虫纹东方鲀、孔鳐、高眼鲽、牙鲆及高眼鲽等 40 余种,分布范围遍及整个渤海湾,除高眼鲽、牙鲆和黄姑鱼等少数种类在湾口的渤海中部产卵外,多数种类先后进入大口河口附近的浅水区进行产卵繁殖。秋季,除了蓝点马鲛、银鲳、小黄鱼和鳀鱼等产卵期较长的种类仍有部分个体在产卵外,半滑舌鳎、大泷六线鱼、鲈鱼、方氏云鳚、沟鲹、木叶鲽、细纹天竺鱼等 10 多种鱼类也在渤海湾产卵。在评价海域,即渤海湾的西北部,鱼类的产卵季节为春、夏两季,即 5~8 月,秋、冬季在该海域产卵的鱼类极少,很少拖到鱼卵、仔稚鱼样品。

1. 黄渤海中上层及底层鱼类三场分布

根据中华人民共和国农业部 2002 年 2 月编制的《中国海洋渔业水域图》中的黄渤海中上层鱼类分布洄游示意图、黄渤海底层鱼类分布洄游示意图,本工程距离黄渤海中上层鱼类 5~6 月索饵场最近距离约为 15km,距离黄渤海底层鱼类 5~7 月产卵场最近距离约为 14km,工程建设不会对黄渤海中上层、底层鱼类造成影响。

2. 重要经济鱼类、虾类的产卵场、索饵场、越冬场和洄游路线

(1)鳀鱼

渤海几乎全年都有鳀鱼分布,近年来调查资料表明,从春到冬调查海区始终都有鳀鱼渔获。鳀鱼于 5 月大量出现在渤海,渔获量最高,6~7 月渔获量有较大下降,9 月、10 月明显减少,11 月又有所上升,12 月基本消失。本工程距鳀鱼产卵场最近距离约为 55.5km,工程建设不会对渤海湾鳀鱼的洄游、产卵活动产生不利影响。

(2)叫姑鱼

叫姑鱼属石首鱼科,地方名小白鱼、叫姑子等,为洄游性的底层鱼类。越冬期为 12 月至翌年 2 月,2 月下旬开始北上生殖洄游,当 3 月下旬至 4 月初,当渤海海峡水温增至 4.0~4.5℃时,叫姑鱼大体沿 38°N 线向西移动入渤海。入渤海后又分为南北两路,主群进入莱州湾、渤海湾各河口产卵场,北路进入辽东湾各河口区产卵。8 月下旬鱼群逐渐向深水移动,分布很广;9 月上旬鱼群向渤海中部趋集;10 月下旬主群可达渤海海峡附近,11 月下旬黄海北部各渔场的鱼群在烟威外海与渤海外泛的鱼群汇合,自西向东集结在38°线附近海域,12 月鱼群密集于烟威东部海区做短暂停留后,于 12 月中旬进入石岛东南外海的越冬场。根据叫姑鱼洄游分布图,本工程距离叫姑鱼产卵场最近约为 30km,工程建设不会对渤海湾叫姑鱼的洄游、产卵活动产生不利影响。

（3）绵鳚

绵鳚，地方名鲶鱼或光鱼，属冷温性近海底层鱼类。绵鳚不做长距离的洄游，但作浅水与深水的往返移动。冬季，绵鳚主要群体一般栖息在 40～70m 水深区域，春季，绵鳚开始由深水区向近岸浅水区移动，进行索饵、育肥活动，此时绵鳚的分布较广，渤海三湾、海洋岛以北沿岸、山东半岛沿岸等均有分布，几乎遍及整个渤海湾。绵鳚的产卵期一般在 12 至翌年 2 月，其产卵场在深水区。本工程距离绵鳚产卵场最近约为 11km，工程建设不会对渤海湾的绵鳚的洄游、产卵活动产生不利影响。

（4）鲅

鲅属鲱科，属近海结群洄游性的中上层暖水性鱼类，是流刺网的重要捕捞对象。鲅的产卵场较多，在渤海 3 个海湾均有产卵场分布，产卵期为 5～7 月，索饵期为 8～11 月，主要越冬期为 2～3 月。根据绵鳚洄游分布图，本工程距离绵鳚产卵场最近约为 10km，工程建设不会对渤海的鲅鱼的洄游、产卵活动产生不利影响。

（5）小黄鱼

小黄鱼是辽东湾的主要经济鱼类，一般春季向沿岸洄游，3～6 月间产卵后，分散在近海索饵，秋末返回深海，冬季于深海越冬。其越冬场在黄海中南部至东海北部，每年 4 月北上到达成山头外海，然后分 2 支，一支继续向北到鸭绿江口进行产卵，另一支则向西，经烟威外海进入渤海，分别游向莱州湾、渤海湾和辽东湾等产卵场，产卵期为 5～6 月，10 月末到 11 月初向渤海中部集中。本工程距小黄鱼产卵场较远，不会对渤海的小黄鱼的洄游、产卵活动产生不利影响。

（6）中国对虾

渤海湾对虾每年秋末冬初，便开始越冬洄游，到黄海东南部深海区越冬；翌年春北上，形成产卵洄游。4 月下旬开始产卵，怀卵量 30 万～100 万粒，雌虾产卵后大部分死亡。卵经过数次变态成为仔虾，仔虾约 18 天经过数十次蜕皮后，变成幼虾，于 6～7 月在河口附近摄食成长。5 个月后，即可长成 12cm 以上的成虾，9 月开始，向渤海中部及黄海北部洄游，形成秋收鱼汛。其渔期在 5 月中旬至 10 月下旬。

中国对虾在不同生命阶段对生活环境选择有差别，产卵选择在河口附近海区，受精卵孵化出幼体后，幼体的变态则在较浅的海区，仔虾阶段具有溯河生态习性，可在盐度为 0.86% 的河道内生活。幼虾阶段由河道外移，主要分布在河口附近的浅水区。7 月下旬，幼虾长至 8～10cm 时，从浅水区开始向深水区移动。因此中国对虾受精卵、幼体以及仔虾主要生活与河口及浅海区。本工程距中国对虾产卵场较远，加之工程区域不占用河口，因此工程建设不会对中国对虾的洄游、产卵活动产生不利影响。

综上,本工程距离所在海域主要经济物种产卵场、索饵场、越冬场和洄游路线距离较远,工程建设不会对该海域的主要经济物种造成明显影响。

第二节　环境事故风险对主要经济物种"三场一通道"的影响

深海排放工程营运期风险污染事故的类型,主要反映在污水处理厂泵站发生事故时造成不达标尾水排放和排海管线发生破裂时发生的达标尾水泄漏引起的环境问题。

一、源项分析

1. 不达标尾水泄漏源项分析

排污口排放的尾水主要来源于污水处理厂。所有企业污水经处理后达到污水处理厂接管标准后排入污水处理厂进行处理。

在极端状况下,当污水处理厂整体失效时,预处理后的污水不经任何处理直接排入本工程管道,因此本节考虑此最不利情况,事故排放量为设计最大流量 5.21 万 m^3/d,各因子源强取接管浓度中的最大值。

通过对主要污染物安全稀释度的计算,最终选取安全稀释度最大的无机氮作为事故排放预测因子,污染物浓度取值 38.5mg/L,其他因子的影响范围均小于无机氮的扩散范围。考虑到本工程排海达标尾水涉及化工特征因子,因此同时选取氰化物也作为事故排放预测因子,污染物浓度取值 0.5mg/L。

2. 管道破裂源项分析

污水处理厂达标尾水排海管道工程,排海管道一旦发生破裂,达标尾水将不可避免通过破裂管道进行扩散。本节考虑非正常情况下,管道破裂,达标尾水全部通过该破裂口向海域扩散,分析事故状态下对海洋环境的影响情况。在预测过程中,达标尾水取最大流量 5.21 万 m^3/d 作为泄漏源强,选取安全稀释度最大的无机氮(15mg/L)及特征因子氰化物(0.3mg/L)作为事故排放预测因子。

二、环境风险影响预测方法和主要预测主要因素

1. 预测模式

在第五章潮流场计算的基础上,采用拉格朗日法计算溢油漂移扩散影响范围,公式如下:

$$X = X_0 + (U + \alpha\ W_{10}\cos A + r\cos B)\Delta t \tag{8-1}$$

$$Y = Y_0 + (V + \alpha\ W_{10}\sin A + r\sin B)\Delta t \tag{8-2}$$

式中:X_0、Y_0——某质点初始坐标,m;

U、V——流速，m/s；

W_{10}——风速，m/s；

A——风向；

α——修正系数；

r——随机扩散项，$r = RE$，R 为 $0 \sim 1$ 之间的随机数，E 为扩散系数；

B——随机扩散方向，$B = 2\pi R$。

海面溢油在其输运扩散的过程中，也同时经历着诸如蒸发和乳化等各种风化过程，直接导致油膜的理化性质的变化。

2. 预测条件

（1）营运期不达标尾水事故排放预测条件

通过主要污染因子对水环境的影响能力比较的分析，最终选取水质影响系数最大的无机氮作为事故排放预测因子，污染物浓度值取 38.5mg/L，其他因子的影响范围均小于无机氮的扩散范围。考虑到本工程排海达标尾水涉及化工特征因子，因此同时选取氰化物也作为事故排放预测因子，污染物浓度值取 0.5mg/L。本节在排海口末端处选择一代表点进行预测。

（2）营运期管道破裂达标尾水事故排放预测条件

根据前文源项分析，达标尾水取最大流量 5.21 万 m³/d 作为泄漏源强，选取水质影响系数最大的无机氮（15mg/L）及特征因子氰化物（0.3mg/L）作为事故排放预测因子。

本节分别在海底管线路由区域的中部选择一代表点进行预测。

三、污染物迁移扩散路径、范围和扩散浓度、时空分布

1. 营运期不达标尾水事故排放风险分析

对以无机氮与氰化物为代表的不达标尾水泄漏进行连续 30 个潮周的预测计算，根据环境现状本底分析，排海口附近的无机氮本底值为 0.194mg/L，氰化物未检出（表 8-1）。经预测并叠加相应的本底值后，无机氮超二类海水水质标准的影响范围为 7.48km²，氰化物超地表水环境质量标准限值的范围为 0.032km²，均位于海洋功能区划定的港口航运区内，不会影响到附近的渔业"三场一通道"（图 8-1、图 8-2）。

不达标尾水排放影响范围　　　　　　　　　　　　　　　表 8-1

污染因子	本底值（mg/L）	超标面积（km²）	
		无机氮	氰化物
无机氮	0.194	>0.3mg/L	>0.005mg/L
氰化物	未检出	7.48	0.032

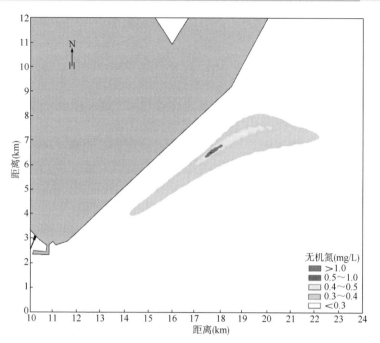

图 8-1 营运期不达标尾水事故排放下无机氮影响范围包络线

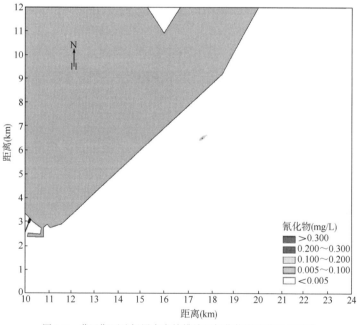

图 8-2 营运期不达标尾水事故排放下氰化物影响范围包络线

　　根据预测可知,当出现不达标尾水排放时,污染物的影响范围远大于达标排放,为了保护海域生态环境,应加强管理,严格落实排海管道接纳达标尾水的标准,严禁超标尾水进入管道排放。

　　2. 营运期管道破裂达标尾水泄漏影响

　　对以无机氮与氰化物为代表的管道破裂进行连续 30 个潮周的预测计算,根据环境现状本底分析,排海口附近的无机氮本底值为 0.194mg/L,氰化物未检出(表8-2)。经预测并叠加相应的本底值后,无机氮超二类海水水质标准的影响范围为 9.95km²,氰化物超地表水环境质量标准限值的范围为 0.082km²,均位于海洋功能区划划定的港口航运区内,不会影响到附近的渔业"三场一通道"(图8-3、图8-4)。

管道破裂污水排放影响范围　　　　　　　　　　表 8-2

污染因子	本底值（mg/L）	超标面积（km²）	
		无机氮	氰化物
无机氮	0.194	>0.3mg/L	>0.005mg/L
氰化物	未检出	9.95	0.082

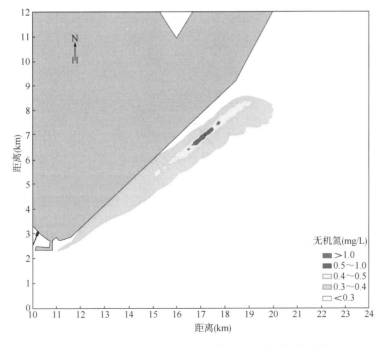

图 8-3　营运期管道破裂达标尾水泄漏无机氮影响范围包络线

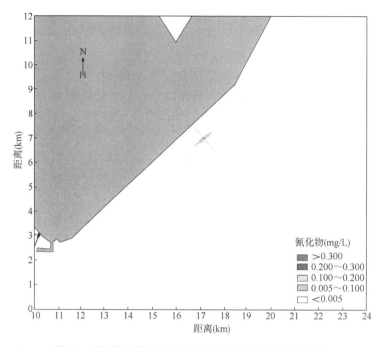

图8-4 营运期管道破裂达标尾水泄漏氰化物影响范围包络线

根据预测可知,当出现管道破裂达标尾水排放时,污染物的影响范围远大于达标排放,为了保护海域生态环境,应加强管理,严格落实排海管道接纳达标尾水的标准,严禁超标尾水进入管道排放。

四、小结

综上所述,本工程近岸海域鱼类产卵场位于外海区域,本工程距离这些重要经济种类主要产卵场的距离基本都在 10km 以上。排污口污水正常排放情况下特征因子对渔业资源的影响范围较小,其扩散混合区外的浓度增量远远达不到海洋生物安全浓度的阈值。因此,本工程达标尾水正常排放的特征污染物对主要经济鱼类"三场一通道"等敏感目标影响很小。然而,当发生事故水泄漏情况下,可能会产生渔业生态环境及保护区生物资源的风险,风险事故发生不达标尾水排放或排污管道破裂污水泄漏都会造成大范围海区环境的污染,从而影响海洋生态环境,同时也会对渔场环境及保护区产生影响。虽然发生环境风险为小概率事件,但考虑到其对环境危害巨大,因此应加强预防预警工作,因此为保护周围海域海洋环境,应加强管理,合理调配,尽可能避免排海污水泄漏事故的发生。

第九章　工程建设背景下的生态承载力分析

第一节　工程海域渔业生态环境支撑条件

一、潮流场对污染物扩散的影响

由第四章的计算数据来看,曹妃甸海域潮流强劲,潮流受地形的影响较为突出,深水区域与浅滩潮流的流速流向差别明显,在深水区潮流流向基本上与海域等高线平行,在浅滩区域以滩地淹没形式的向岸流为主,最大流速 1.20m/s 左右;曹妃甸二港池内流速相对较弱。从大潮和小潮的模拟计算来看,小潮期水流流速比大潮期略小一些,尤其是落潮表现较为突出。

通过污染物扩散方程对苯扩散进行连续计算,曹妃甸工业区入海排污口工程排放口中心各因子浓度(石油类、丙烯腈、氰化物、苯、二甲苯)叠加现状本底值后,均在典型特征污染物因子对水生生物急性毒性的安全浓度范围内,曹妃甸工业区入海排污口工程尾水石油类、丙烯腈、氰化物、苯、二甲苯排放不会对工程海域的海洋生物造成明显影响。

二、海底地形地貌对污染物扩散的影响

1. 工程区等深线变化

通过 2010 年 9 月、2015 年 7 月和 2017 年 8 月三次水深测图,进行等深线对比,分析工程附近滩面的稳定性。

2010 年 9 月—2017 年 8 月期间,大范围海域等深线走向仍然维持了原有状态,但局部水域等深线有所变化。5m 等深线在东侧向北后退西侧向南外扩,而10m 和 20m 等深线在东侧均向北后退,西侧无明显变化,说明此区域地形出现冲刷,而其西侧则相对比较稳定。

2015 年 7 月—2017 年 8 月期间,大范围海域等深线走向仍然维持了原有状态,但局部水域等深线有所变化。5m 等深线和 10m 等深线在东侧向北后退西侧向南外扩,说明东侧区域地形出现冲刷,而其西侧则为淤积;15m 和 20m 等深线相对比较稳定;25m 等深线向西扩展,此区域略有淤积;30m 和 35m 等深线比较稳定,地形冲淤变化不明显。

2. 冲淤变化分析

2010年9月—2017年8月期间,曹妃甸东侧海域海床地形从冲淤分布格局上看,总体上呈有冲有淤并相间排列、近岸变化大离岸变化小的平面分布。从平面分布上看,甸头以东LNG码头东侧约2km范围内主要表现为淤积,近陆区淤积强度较大,最大可达2m以上,除此之外的区域淤积强度多在0.1~0.4m之间;继续向东至曹妃甸陆域拐角处以南的海域则主要表现为冲刷,冲刷强度也呈近岸大离岸小的趋势,近陆区冲刷强度较大,最大为1.34m,除此之外冲刷强度多在0.1~0.5m之间。综上分析可见,地形冲淤变化较大的区域位于曹妃甸陆域以南1.3km范围内,淤积和冲刷的幅度均较大,继续向南则变化较小,绝大部分冲淤幅度在0.1~0.4m之间,基本上属于本海域水深地形的自然调整。

在排海工程建设完成后,将回填至原始泥面,恢复海域自然地貌,工程建设不会对曹妃甸海域的地形冲淤变化产生影响。

综上所述,在地形系统支撑下,工程海域宽敞的海湾和外界有良好的水系交流,风险状态下,特征污染物排放及溢油和风险事故泄漏扩散较快,可以较为迅速消减污水水团对周边敏感区及渔业环境的影响。

三、高丰度饵料资源对渔业资源承载力形成的支持力

饵料作为鱼类最重要的生活条件之一,构成了鱼类种间关系的第一性联系。鱼类饵料保障状况制约着鱼类的生长、发育和繁殖,影响着种群的数量动态以致渔业的丰歉。

总体来说,鱼类的食谱是十分广泛的,也是十分复杂的。水生植物类群从低等单细胞藻类到大型藻类以及水生维管束植物;水生动物类群几乎涉及无脊椎动物的各个门类以至脊椎动物的鱼类自身;腐殖质类也是某些底食性鱼类的重要饵料。但就不同鱼种而言,其食饵组成却存在着千差外别,有的以水层中的浮游生物为食,有的则以水域中的虾、蟹、头足类以至自身的幼鱼为食而成为水中的凶猛肉食者,有的却偏爱水底的有机腐屑,成为腐殖消费者。鱼种不同,其食饵的光谱性亦存在巨大差别。这是鱼类物种长期适应于与演化的结果。

鱼群和生物量以及栖息水域中所有鱼类的总生物量很大程度上取决于鱼类的食物保障。所谓食物保障是指水域中不仅要有鱼类所能摄食的饵料生物,而且要保证鱼体有可能摄食。消化吸收这些食物用以营造有机体的条件,对这些鱼类能利用饵料生物和适合的水文环境,从而保证鱼体新陈代谢的进行,促进生长发育的条件,称为食物保障。而其中作为鱼类食物的浮游生物、底栖生物和鱼

类等饵料生物的数量和质量,又称为饵料基础。当饵料基础处于低水平时,索饵季节的长短对鱼类食物保障就形成限制作用。饵料基础高,对鱼类的食物就有着保障。

本工程海域海洋生物生态调查资料显示:2017—2021 年春季,调查海域浮游植物密度平均值为 2.73×10^4 个/L;浮游动物密度变化范围为 $0.54 \sim 1072$ 个/m^3,均值为 170 个/m^3。由此可见,项目海域饵料生物相对丰富。浮游植物是水域初级生产者,浮游动物为主要的次级生产者,同时也都是经济水生生物物种的重要饵料,其数量分布和变动直接或间接地影响到渔业资源的变动。

这一水域高丰度饵料资源的保障,对鱼群的补充及渔业资源的保护都有着积极的影响,是渔业资源环境承载力的支持因素之一。

第二节　工程建设对渔业生态环境的压力

一、富营养物质形成的环境风险

海洋水体中营养物质的多寡直接影响着水域的生物量的高低。营养盐不足会限制浮游植物生长,影响水域的初级生产力;而海水中浓度过高则会形成富营养化,将引发赤潮等生态灾害。

1.赤潮爆发风险条件分析

赤潮爆发,主要表现在浮游植物数量出现爆发式增长,由此造成生态系统的破坏。

浮游植物的生长主要受生物、物理和化学过程复杂的相互作用控制,其中氮、磷是海洋浮游植物生长所必需的营养元素,它们构成浮游植物细胞的结构分子,并参与植物生长的新陈代谢。一般而言,浮游植物生长利用的营养盐主要有氮、磷和硅三种。在光合作用过程中,海洋浮游植物主要吸收氨氮(NH_4-N)和硝酸盐(NO_3-N)等溶解无机态的氮盐,同时在一定条件下也可吸收尿素等溶解有机氮。

营养盐输入对浮游植物爆发式增长的促进作用可以从两个方面来解释。首先,营养加富有利于某些浮游植物的大量增殖,使其生物量增加。相关研究表明,水体富营养化后,首先会促进硅藻的增殖并引发硅藻赤潮,随后常会发生浮游植物优势种的演替,可能最后会使甲藻占优势,但如果水体交换性能好,而且有持续不断的营养盐补充,则硅藻数量会维持在高水平上,并阻碍甲藻形成赤潮。另一方面,人类活动不仅改变了海水中营养物质的浓度,也使营养物质的结构发生了变化,这种营养盐结构的变化更易于造成浮游植物中优势种群的演替,造成一些有害的微藻可能占据优势并形成赤潮。

总之,N、P、Si 等营养盐浓度和组成结构不仅影响着浮游植物的生长速率,而且也影响着浮游植物的种群演替规律,进而可能决定着发生赤潮的种类、规模、持续时间等,显示出常量营养盐与浮游植物生长及赤潮形成关系的复杂性。而且,营养盐结构在浮游植物的营养竞争中往往发挥着更为关键的作用。水体的高度富营养化是发生赤潮首要的前提条件。

2. 工程海域赤潮爆发的风险因素分析

氮、磷是造成水体富营养化的两大主要因素,而水体富营养化又是引发赤潮的主要因素之一。如 DIN < 0.30mg/L,DIP < 0.02mg/L,将不导致水体富营养化,为水体中氮、磷的安全浓度,8 < N/P < 30 是较有利于浮游植物生长的氮磷比范围。以 2015 年 10 月和 2017 年 4 月环境现状调查结果为例,曹妃甸海域 2015年 10 月大多数站位无机氮含量低于 0.30mg/L,2017 年 4 月无机氮含量均低于0.30mg/L,两个航次的活性磷酸盐含量均低于 0.02mg/L,如图 9-1 所示。另外从排污口污染物预测结果可以看出,无机氮浓度 >0.30mg/L 的浓度范围及活性磷酸盐浓度 >0.02mg/L 的扩散范围仅局限于排放口海域,扩散范围较小,如图 9-2 所示。就调查海域的无机氮和活性磷酸盐均值来讲,调查海域的 2015 年10 月为 19.1,2017 年 4 月 N/P 为 15.1,因工程尾水排放引起赤潮发生的风险较低。

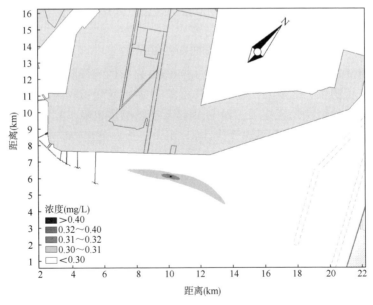

图 9-1 无机氮扩散分布

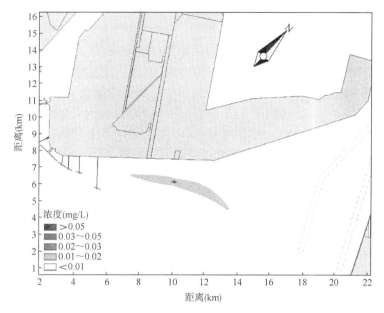

图 9-2　活性磷酸盐扩散分布

二、持久性污染物排放的叠加对海洋生物和食品安全的影响

依据持久性污染物排放分析,本工程选取尾水特征污染物排放达到造成渔业资源安全限度浓度范围的影响范围极小,其最大贡献浓度增量达不到海洋生物安全浓度的阈值,因此水体中的特征污染物累积性影响较小。

贝类生物体的污染物含量与水体中的污染物含量呈明显正相关关系;但沉积物中的相关关系不明显,由此可以认为影响贝类体内污染物含量的主要因素是水体中的污染物含量,主要是因为贝类基本上是滤食性动物,水体中以离子状态存在或吸附在有机体和有机颗粒表面的污染物因子在贝类滤食过程中摄入,形成了污染物在贝类体内的富集。

贝类为特征污染物富集提供了基础条件。工程排放口附近海域的贝类还是存在相应的生物生态风险,或者容易造成食品安全的生物风险,因此应对工程排放口附近的底栖贝类生物体内的污染物状况开展持续地跟踪调查监测,预防其可能的食品安全的生物风险。

研究发现在胶州湾比较自然海区的栉孔扇贝组织中,苯并[a]芘含量,各组织均有累积,但都没有超出国家卫生标准,累积量与海区中苯并[a]芘浓度具有较好的相关性,除血淋巴和闭壳肌外,其他各组织中苯并[a]芘累积量均与海水中苯并[a]芘浓度呈正相关。

以多环芳烃的典型污染物苯并[a]芘为污染物,以海水和溶剂 DMSO 作为对照,以苯并[a]芘对多齿围沙蚕进行 14d 毒性暴露,研究发现多齿围沙蚕表现出明显的对苯并[a]芘的毒性响应,包括脂质过氧化、抗氧化酶系统和解毒酶系统的诱导、DNA 损伤、凋亡和组织病理学变化等。

通过食物暴露途经,测定了鲫鱼不同组织对多溴联苯醚 15 和多溴联苯醚 47 的生物累积参数。与水相暴露不同,BDE15 及 BDE47 更倾向于在肝中积累,它们在肝中的生物放大系数(BMF)分别为 1.083 及 1.145,同样要远高于肌肉中的积累。

由以上分析可见,特征污染物在可食部分的肌肉、腹足等部分富集远不如内脏、鳃等部分明显。对游泳动物而言,一旦到达特征污染物含量较低的清洁水体,经过 15d 左右,所富集的大部分特征污染物可以释放。因此特征污染物累积效应的影响对象主要是贝类等生物。持久性污染物扩散几乎很少波及渔业水域,本工程对渔业水域贝类影响、造成特征污染物累积性程度较小,因此持久性污染物难以通过贝类、食物链将特征污染物传导到鱼虾类。本工程水域主要经济鱼类的饵料中没有贝类,因此,本工程特征污染物排放对生态安全和渔业食品安全造成影响的可能性较小。

三、特征污染因子对渔业资源生物的影响

根据第四章第五节的分析,石油类对水生生物的安全浓度为 0.03mg/L,苯对水生生物的安全浓度为 0.16mg/L,二甲苯对水生生物的安全浓度为 0.11mg/L,氰化物对水生生物的安全浓度应低于 0.007mg/L,丙烯腈对水生生物的安全浓度应低于 0.0516mg/L。

第三节　工程建设生态承载力计算

一、涉海工程建设多模型预测性综合承载力评价方法

涉海工程建设改变了工程海域的潮流水动力特性、水交换能力和泥沙冲淤特性,产生了大量的施工悬浮物,造成了工程海域生物损失等,这些因素是衡量涉海工程建设可行与否的关键因子。为此,建立涉海工程建设多模型预测性综合承载力评价方法,其基本思想是以单指标预测的综合承载力评价预测方法为核心,以潮流水动力、水交换、悬浮物扩散和泥沙等多个数学模型数值模拟以及生物量损失核算公式计算为依据,以承载力综合评价方法为手段,将工程建设前后水动力改变量、水交换改变率、泥沙冲淤,生态损失等关键因子作为评价指标,科学评价涉海工程建设对工程海域的综合影响,以承载力的形式给出最终结论。

二、涉海工程建设多模型预测性综合承载力评价

涉海工程建设多模型预测性综合承载力评价方法过程示意,如图 9-3 所示。

其中包含两个模块:多模型数值模拟模块和综合承载力评价模块。多模型数值模拟模块通过水动力、水交换、悬浮物扩散和泥沙等多个数学模型数值模拟以及生物量损失核算公式计算,获得水动力条件改变量、水交换能力变换率、泥沙冲淤量和水生态变化率等多个评价指标预测值,将其代入综合承载力评价模块,开展涉海工程建设的综合承载力评价研究。综合承载力评价模块以基于云理论的综合评价方法为例,首先将指标分级标准构建成为评价指标标准集,通过数学期望、熵和超熵的计算,构成级别概念集,再结合评价指标数学模拟预测值,计算隶属度,组成隶属度矩阵,并归一化,最后结合权重计算并判定承载力等级。

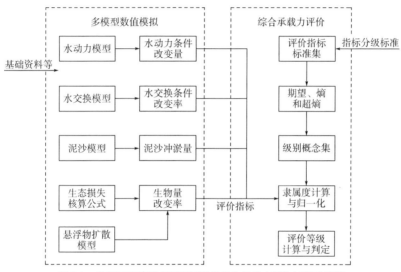

图9-3　涉海工程建设多模型预测性综合承载力评价过程示意图

三、基于云理论的评价方法与过程

1. 云理论基本原理

不确定性是客观世界绝大多数事物和现象的基本属性之一,用概念的方法把握量的不确定性更具有普遍意义。云模型正是通过期望、熵和超熵三个数字特征来反映客观世界中概念的随机性和模糊性,实现定性概念与定量数值之间的不确定性转换。

云模型是在概率与模糊数学的理论基础之上,通过特定算法所形成的定性概念与定量数值之间的不确定性转换模型,由我国学者李德毅提出。该模型反映了随机性和模糊性之间的关联,构成了定性和定量间的相互映射,现已被应用于系统评测、算法改进、决策支持、智能控制、数据挖掘、知识发现和网络安全等多个方面。

2.基于云理论的综合评价方法与过程

根据云理论随机性和模糊性的特点,建立了基于云理论的综合评价方法,其过程如图9-4所示。具体步骤如下:

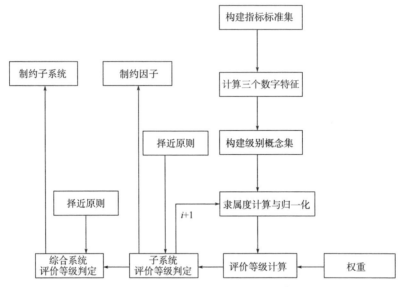

图9-4 多子系统云理论评价方法过程示意图

(1)评价指标标准集构建

对于具有 n 个评价指标($i=1,2,\cdots,n$),m 个指标等级($j=1,2,\cdots,m$)的综合评价体系,分别设定指标上、下限为 $x_{ij}^{s},x_{ij}^{x}\begin{vmatrix}i=1,2,\cdots,n\\j=1,2,\cdots,m\end{vmatrix}$,并组成指标标准集矩阵,见式(9-1)。

$$\begin{bmatrix}(x_{11}^{s},x_{11}^{x})\,(x_{12}^{s},x_{12}^{x})\cdots(x_{1j}^{s},x_{1j}^{x})\cdots(x_{1m}^{s},x_{1m}^{x})\\(x_{21}^{s},x_{21}^{x})\,(x_{22}^{s},x_{22}^{x})\cdots(x_{2j}^{s},x_{2j}^{x})\cdots(x_{2m}^{s},x_{2m}^{x})\\\vdots\\(x_{i1}^{s},x_{i1}^{x})\,(x_{i2}^{s},x_{i2}^{x})\cdots(x_{ij}^{s},x_{ij}^{x})\cdots(x_{im}^{s},x_{im}^{x})\\\vdots\\(x_{n1}^{s},x_{n1}^{x})\,(x_{n2}^{s},x_{n2}^{x})\cdots(x_{nj}^{s},x_{nj}^{x})\cdots(x_{nm}^{s},x_{nm}^{x})\end{bmatrix} \tag{9-1}$$

(2)指标标准集期望、熵和超熵的确定

根据式(9-2)~式(9-4),计算指标标准集的数学期望、熵和超熵。

$$Ex_{ij}=\frac{1}{2}(x_{ij}^{s}+x_{ij}^{x})\begin{vmatrix}i=1,2,\cdots n\\j=1,2,\cdots m\end{vmatrix} \tag{9-2}$$

$$En_{ij} = \frac{x_{ij}^s - x_{ij}^x}{2.355}\bigg|\begin{matrix}i=1,2,\cdots n\\j=1,2,\cdots m\end{matrix} \tag{9-3}$$

$$He_{ij} = \frac{1}{n}\bigg|\begin{matrix}i=1,2,\cdots n\\j=1,2,\cdots m\end{matrix} \tag{9-4}$$

（3）构建级别概念集

将计算获得的每一组期望、熵和超熵集合，构成级别概念集矩阵，如式（9-5）所示。

$$\begin{bmatrix}(Ex_{11},En_{11},He_{11})(Ex_{12},En_{12},He_{12})\cdots(Ex_{1m},En_{1m},He_{1m})\\(Ex_{21},En_{21},He_{21})(Ex_{22},En_{22},He_{22})\cdots(Ex_{2m},En_{2m},He_{2m})\\\vdots\\(Ex_{n1},En_{n1},He_{n1})(Ex_{n2},En_{n2},He_{n2})\cdots(Ex_{nm},En_{nm},He_{nm})\end{bmatrix} \tag{9-5}$$

（4）隶属度矩阵归一化计算

针对 $N(\varepsilon=1,2,\cdots,N)$ 个子区域，子区域 ε 的评价指标集合为 $y_i^\varepsilon|i=1,2,\cdots,n$，按式（9-6）计算子区域 ε 的初步指标隶属度，其中 $En_{ij}^{\varepsilon'}$ 按式（9-7）计算，r 为（0，1）的随机数。

$$r_{ij}^{\varepsilon'} = \exp\left[-\frac{(y_i^\varepsilon - Ex_{ij})^2}{2(En_{ij}^{\varepsilon'})^2}\right]\bigg|\begin{matrix}i=1,2,\cdots,n\\j=1,2,\cdots,m\end{matrix} \tag{9-6}$$

$$En_{ij}^{\varepsilon'} = r \times He_{ij} + En_{ij}\bigg|\begin{matrix}i=1,2,\cdots,n\\j=1,2,\cdots,m\end{matrix} \tag{9-7}$$

随机性和模糊性是云理论的重要特性，本节采用随机数 r 的形式来体现该评价方法体系中的随机与模糊特性，但无论哪种评价方法最终都要转化为确定性的等级判定，由 $\sum_{j=1}^{m}r_{ij}^{\varepsilon'}\neq 1$，则导致指标隶属于等级的混淆，因此本节提出了既满足指标隶属空间合理性又能保证随机与模糊性的归一化隶属度确定方法，如式（9-8），最终构成隶属度矩阵，见式（9-9）。

$$r_{ij}^\varepsilon = \frac{r_{ij}^{\varepsilon'}}{\sum_{j=1}^{m}r_{ij}^{\varepsilon'}}\bigg|\begin{matrix}i=1,2,\cdots,n\\j=1,2,\cdots,m\end{matrix} \tag{9-8}$$

$$\begin{bmatrix}r_{11}&r_{12}&\cdots&r_{1m}\\r_{21}&r_{22}&\cdots&r_{2m}\\\cdots&\cdots&\cdots&\cdots\\r_{n1}&r_{n2}&\cdots&r_{nm}\end{bmatrix}^\varepsilon \tag{9-9}$$

(5)评价等级计算

根据式(9-10)和式(9-11)计算子区域 ε 的评价等级。

$$b_j^\varepsilon = \sum_{i=1}^n \omega_i^\varepsilon \times r_{ij}^\varepsilon \qquad (9\text{-}10)$$

式中:b_j^ε——评价指标对于第 j 个评价等级的隶属程度;

ω_i^ε——指标权重,采用可以体现指标地域差异的客观法确定各指标权重。

$$j^\varepsilon = \left(\sum_{j=1}^m j \times b_j^\varepsilon \right) \times \left(\sum_{j=1}^m b_j^\varepsilon \right) \qquad (9\text{-}11)$$

(6)子区域承载力等级判定

采用"择近原则",以海明贴近度,进行子区域 ε 的承载力等级判定。

(7)综合承载力等级计算与判定

对于每一个子区域,按步骤(4)~(5)计算,获得全部子区域的评价等级,以式(9-12)确定综合承载力。

$$j = \frac{1}{N} \sum_{\varepsilon=1}^N j^\varepsilon \qquad (9\text{-}12)$$

按照步骤(6)中的等级判定原则,进行综合承载力等级的判定。

四、环境承载力预测性评价

本节选取潮流流速、水交换率2个水文动力因素指标和底栖生物生物量变化率1个海洋生态指标,通过水动力、水交换、泥沙数学模型模拟预测与生态损失核算,结合云理论综合评价方法,科学评价曹妃甸石化产业基地规划用海实施后的承载能力。

根据潮流流速、水交换率和底栖生物生物量变化率3个评价指标,选取相应的指标分级标准,构成评价指标标准集,如表9-1所示。

评价指标分级标准　　　　　　　　　表9-1

评价指标		承载力等级			
		轻微影响（Ⅰ）	一般影响（Ⅱ）	显著影响（Ⅲ）	毁灭性影响（Ⅳ）
水文动力	涨潮流速改变量(cm/s)	0～5	5～10	10～20	20～Max¹
	落潮流速改变量(cm/s)	0～5	5～10	10～20	20～Max²
海洋生态	底栖生物生物量变化率(%)	0～15	15～60	60～80	80～100

注:表中 Max^1、Max^2 采用选取待评价指标最大值的处理方式。

采用水动力、水交换、泥沙数学模型进行模拟预测,并通过涉海工程建设前后各评价指标对比分析,获得评价指标预测值与改变量,如表9-2所示。

评价指标多模型模拟预测值　　　　　　　　　　表 9-2

评价指标		指标预测值
水文动力	涨潮流速改变量(cm/s)	0.6
	落潮流速改变量(cm/s)	0.4
海洋生态	底栖生物生物量变化率(%)	1.32

结合表 9-1 和表 9-2,按云理论综合评价方法步骤,进行计算和综合评价,获得曹妃甸石化产业基地规划用海实施后对本研究海域的综合影响,最终预测评价结果影响程度为轻微影响(Ⅰ),可以接受。

第四节　基于海洋生态(渔业资源)承载力影响的
工程建设方案可行性

根据第五章第二节的预测结果,曹妃甸工业区入海排污口工程排放口中心各因子浓度(石油类、丙烯腈、氰化物、苯、二甲苯)叠加现状本底值后,均在典型特征污染物因子对水生生物急性毒性的安全浓度范围内,工程实施引起的污染物对周边海域生态造成影响范围较小。海域潮流场的水动力特征,可以有效减轻石油类、丙烯腈、苯系物及重金属等污染物对周边渔业资源影响。另外,工程海域饵料生物丰富,对渔业资源的养护和恢复形成了很好的补充作用。因此,本工程海域生态(渔业资源)承载力中水体扩散和高浓度饵料生物为支持力因素,有效地限制污染物水团向主要产卵场环境的扩散;特征污染物因子对鱼卵仔鱼伤害,以及污染物在贝类生物体内富集构成的食品安全威胁是本工程海域生态(渔业资源)承载力中的压力因素。根据分析,曹妃甸海域与邻近海域间渔业资源种类应具有可替代性,也就是说本工程海域受影响的渔业资源及渔场环境,可以由周边水域同种渔场环境部分替代,而不至于造成渔场消失,本工程所在水域的渔场环境和渔业资源具有可替代性,本工程渔业资源承载力的支撑因素大于压力因素。基于渔业资源承载力影响分析的结果,工程实施对渔业资源和渔业生态环境影响是可以接受的。

参 考 文 献

[1] 柏育材,李鸣,徐兆礼,等.冷排水中余氯对虾类毒理效应和资源损失量估算方法研究[J].上海环境科学,2012,31(3):128-133.

[2] 於叶兵,陆伟,黄金田,等.亚硝酸盐和硫化物对克氏原螯虾幼虾的毒性效应研究[J].水生态学杂志,2011,32(01):111-114.

[3] 王晓伟,李纯厚,沈南南.石油污染对海洋生物的影响[J].南方水产,2006,02(02):76-80.

[4] 沈盎绿,唐峰华,沈新强.溢油对贝类的毒害效应以及生态风险评价[J].农业环境科学学报,2011,07:1289-1294.

[5] 李铁军,郭远明,尤矩矩,等.苯酚、苯胺、氯苯和硝基苯对三疣梭子蟹的急性毒性研究[J].现代渔业信息,2009,24(01):15-17.

[6] 刘红玲,杨本晓,于红霞,等.苯酚及其氯代物对大型溞的毒性效应和微观机理探讨[J].环境污染与防治,2007,29(01):33-36.

[7] 邢军.苯、氯苯、苯酚、4-氯酚对斑马鱼、孔雀鱼、剑尾鱼的急性毒性[J].生态环境学报,2011,20(11):1720-1724.

[8] 端正花,朱琳,王平,等.双酚A对斑马鱼不同发育阶段的毒性及机理[J].环境化学,2007,26(04):491-494.

[9] 刘红玲,刘晓华,王晓祎,等.双酚A和四溴双酚A对大型溞和斑马鱼的毒性[J].环境科学,2007,28(08):1784-1787.

[10] 王宏,沈英娃,卢玲,等.几种典型有害化学品对水生生物的急性毒性[J].应用与环境生物学报,2003,01:49-52.

[11] 王蔚,王诗红,郧欣,等.苯乙烯对几种海洋生物的急性毒性效应[J].安全与环境学报,2007,05:1-3.

[12] 郭匿春,谢平.双酚A和壬基酚对隆线溞和微型裸腹溞的毒性[J].水生生物学报,2009,33(3):492-497.

[13] 陆正和,阎斌伦,杨家新.双酚A对萼花臂尾轮虫生殖的影响[J].中国环境科学 2013,33(10):1850-1855.

[14] ALEXANDER H C,DILL D C,SMITH L W,et al. Bisphenola:Acue aquatic toxicity[J]. Environmental Toxicology and Chemistry,1988,7(1):19-26.

[15] 路鸿燕,何志辉.大庆原油及成品油对蒙古裸腹蚤的毒性[J].大连水产学院

学报,2000,15(3):169-174.

[16] 贾晓平,林钦,蔡文贵,等.原油和燃油对南海重要海水增养殖生物的急性试验[J].水产学报,2000,24(1):32-36.

[17] 杨宝,刁晓平,谢嘉,等.苯并[a]芘对马氏珠母贝 D 型面盘幼虫发育的影响[J].生态毒理学报,2012,02:215-219.

[18] 范亚维,周启星.水体甲苯、乙苯和二甲苯对斑马鱼的毒性效应[J].生态毒理学报,2009,01:136-141.

[19] DAVE G. Effects of fluoride on growth, reproduction and survival in Daphnia magna. Comparative Biochemistry and Physiology[J]. Comparative Pharmacology, 1984,78:425-431.